室内设计新视点·新思维·新方法丛书

朱 淳 / 丛书主编

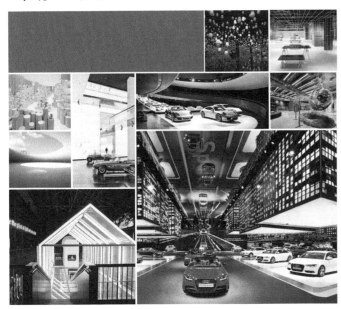

U0194384

DISPLAY DESIGN OF INTERIOR SPACE

室内展示空间设计

陆 玮 / 编著

化学工业出版社

·北京·

《室内设计新视点·新思维·新方法丛书》 编委会名单

丛书主编：朱　淳

丛书编委（排名不分前后）：余卓立　　郭　强　　王乃霞　　王乃琴
　　　　　　　　　　　　　周红旗　　黄雪君　　陆　玮　　张　毅

内容简介

室内展示空间设计随着观念的更新、技术的进步，越来越注重观众的体验与感受，趋于向多元化、高科技、个性化的方向发展。本书简述了室内展示设计的概念、深入分析了博物馆空间、商业空间、专题空间、世博会几大类别展示的发展历程、设计程序、基本原理，细述了展示设计中的人体工程学，版面、照明、色彩、道具设计和各种技术手段及应用等。

本书着重于展示设计的发展趋势与前景，精选大量经典国内外案例分析说明，以便读者能更好地理解现代展示设计的规律和形式法则，培养展示综合设计的能力并付诸实践。本书是一本涉及室内展示设计领域的应用读物，可作为高等院校环境设计、展示设计等设计类专业的教科书，亦可供相关艺术设计从业人员参考阅读。

图书在版编目（CIP）数据

室内展示空间设计/陆玮编著. —北京：化学工业出版
社，2021.2（2025.3重印）
（室内设计新视点·新思维·新方法丛书/朱淳主编）
ISBN 978-7-122-38230-6

Ⅰ．①室…　Ⅱ．①陆…　Ⅲ．①室内装饰设计
Ⅳ．①TU238.2

中国版本图书馆CIP数据核字（2020）第259496号

责任编辑：徐　娟　　　　　　　　　　文字编辑：邹　宁
责任校对：宋　夏　　　　　　　　　　封面设计：刘丽华

出版发行：化学工业出版社（北京市东城区青年湖南街13号　邮政编码100011）
印　　装：北京建宏印刷有限公司
889mm×1194mm　1/16　印张10　字数250千字　2025年3月北京第1版第2次印刷

购书咨询：010-64518888　　　　　　　售后服务：010-64518899
网　　址：http://www.cip.com.cn
凡购买本书，如有缺损质量问题，本社销售中心负责调换。

定　　价：68.00元

丛 书 序

人类对生存环境做出主动的改变，是文明进化过程的重要内容。

在创造着各种文明的同时，人类也在以智慧、灵感和坚韧，塑造着赖以栖身的建筑内部空间。这种建筑内部环境的营造内容，已经超出纯粹的建筑和装修的范畴。在这种室内环境的创造过程中，社会、文化、经济、宗教、艺术和技术等无不留下深刻的烙印。因此，室内环境营造的历史，其实包含着建筑、艺术、装饰、材料和各种技术的发展历史，甚至包括社会、文化和经济的历史，几乎涉及了构成建筑内部环境的所有要素。

工业革命以后，特别是近百年来，由技术进步带来观念的变化，尤其是功能与审美之间关系的变化，是近代艺术与设计历史上最为重要的变革因素，由此引发了多次与艺术和设计相关的改革运动，也促进了人类对自身创造力的重新审视。从19世纪末的"艺术与手工艺运动"（Arts & Crafts Movement）所倡导的设计改革，直至今日对设计观念的讨论，包括当今信息时代在室内设计领域中的各种变化，几乎都与观念的变化有关。这个领域的发展：从空间、功能、材料、设备、营造技术到当今各种信息化的设计手段，都是建立在观念改变的基础之上的。

在不同设计领域的专业化都有了长足进步的前提下，室内设计教育的现代化和专门化出现在20世纪的后半叶。"室内设计"（Interior Design）这一中性的称谓逐渐替代了"室内装潢"（Interior Decoration），名称的改变也预示着这个领域中原本占据主导的艺术或装饰的要素逐渐被技术、功能和其他要素取代了。

时至今日，现代室内设计专业已经不再是仅用"艺术"或"技术"即能简单地概括了。它包括对人的行为、心理的研究；时尚和审美观念的了解；建筑空间类型的多种改变；对功能与形式的重新认识；技术与材料的更新，以及信息化时代不可避免的设计方法与表达手段的更新等一系列的变化，无不在观念上彻底影响着室内设计的教学内容和方式。

本丛书的编纂正是基于这样的前提之下。本丛书除了注重各门课程教学上的特点外；更兼顾到同一专业方向下曾经被忽略的一些课程，如室内绿化及微景观；还有从用户心理与体验来研究室内设计的课程，如环境心理学；以及作为室内设计主要专项拓展的课程，如办公空间设计；同时也更加注重各课程之间知识的系统性和教学的合理衔接，从而形成室内设计专业领域内，更专业化、更有针对性的教材体系。

本丛书在编纂上以课程教学过程为主导，通过文字论述该课程的完整内容，同时突出课程的知识重点及专业知识的系统性与连续性，在编排上辅以大量的示范图例、实际案例、参考图表及优秀作品鉴赏等内容。本丛书能够满足各高等院校环境设计学科及室内设计专业教学的需求，同时也对众多的从业人员、初学者及设计爱好者有启发和参考作用。

　　本丛书的出版得到了化学工业出版社领导的倾力相助，在此表示感谢。希望我们的共同努力能够为中国设计铺就坚实的基础，并达到更高的专业水准。

　　任重而道远，谨此纪为自勉。

朱　淳

2019年7月

目录
contents

第 1 章　室内展示空间设计概述

展示是人类特有的一种社会化活动。一座城市需要展示，它需要传递和弘扬本城独有的文化和人文精神；一个国家需要展示，它需要通过各种信息交互途径来展示国力和人文风貌，实现国与国之间的和谐平等，以谋求共同发展。由此，作为一门综合了艺术与诸多技术领域知识的设计专业学科，现代社会的展示设计是一种有着丰富内涵、涉及诸多领域，并随着时代发展不断充实的社会行为。

1.1　展示设计的概念

1.1.1　展示的定义

自古以来，"展"字就有着出示、陈列的含义，如《左传·襄公三十一年》中有"百官之属，各展其物"，《左传·哀公二十年》中提到"敢展谢其不恭"时还有注释"展，陈也。"《现代汉语词典》中对"展"的解释还有张开、显示、展览等含义。《华严经音义》对"示"的释义为"示，现也"，即显现、表现。而《玉篇》中则解释为"示，语也，以事告人曰示也"，即让人看、把事物展示出来或指出来让人知道，有显示的含义。

在英文中，展示一词按照类型和规模的不同可以分为exhibition（大型的展览会或博览会）、display（陈列、展示）、show（各种表演性的展示活动）等。"display design"定义为"Display is the art of presenting merchandise attractively for sale"，即提高商品销售魅力的艺术手段。

如今，展示的内容早已跨越了过去传统观念的范畴，成为一种有着丰富内涵、涉及诸多领域，并随着时代发展而不断充实的社会行为。

展示的概念是从展览中衍生而来，进而变得愈加广泛。展览是将物品陈列供人观看，人与物之间的沟通是单向且被动的。而展示不再仅仅是单纯地停留在陈列商品、摆放展品的层面上，而是建立起了人与物之间最重要的信息传递与交流，应用于教育启蒙、活动、节日、娱乐、休闲等各种场合。在展示活动中，展品主动与人进行信息交流，公众参与到展示活动中，人们在接受信息的同时反馈信息。除此之外，展示除了展览的含义，还包含演示、示范的寓意，既是动态的展现，又是静态的展现。

通常，从大的功能定位区分，室内展示空间设计可分为三大类：博物馆设计，即各类博物馆的陈列布置及空间设计；商业空间设计，即各类商业卖场的销售、展示空间的陈列布置设计以及橱窗展示设计；专题性空间，包含各种展览、展销及博览会活动的设计。

图1-1　博物馆展示　法国国家自然历史博物馆
大进化馆以海、陆、空三层流线构思动物大迁徙的主题。由大象引领的陆生动物列队，在大厅内上演着一场嘉年华。顶部的照明，模拟一天时间的变化——从清晨到黄昏的光线，有着亮度和色温的变化。此外，还配合各种戏剧音效，从动物鸣叫、草原风声，到大雨滂沱，雷声隆隆，雨停后的鸟鸣，表演着自然世界的生生不息。

图1-2　商业展示　耐克跑步体验站

图1-3　大型博览会　2020年阿联酋迪拜世博会意大利馆设计方案

除此之外，从不同的角度考虑，展示设计亦有不同的分类方式（见图1-1~图1-3）。

按展出目的：观赏型，如美术作品展、艺术珍宝展、花卉展等；教育型，如成就展、历史展、宣传展等；推广型，如科技成果展等；贸易型，如展销会、交易会、洽谈会等。

按展示内容：综合性、专业性、主题性等。

按参展地域：国际性、洲际性、全国性、地方性等。

按展览规模：小型（9~60m²）、中型（60~150m²）、大型（150m²）等。

按展览时间：长期、短期、定期、不定期、永久、临时等。

展示活动属于哪一类别，定位如何，并无绝对定数，必须视具体情况而定。比如美术馆，它可以是国际级或者是省级的，又可以同时包含永久性展览和临时性展览，馆藏文物通常会作为永久陈列，而一些专题性的特展，可做短期的临时展出。

1.1.2　室内展示空间设计的定义

展示艺术与空间设计是密不可分的，甚至可以说展示艺术就是对空间组织利用的艺术。展示设计无论从概念、本质与特征，还是从范畴以及设计的程序，都可以发现，空间这个概念是贯穿始终的，即在特定的时间和空间环境中，运用艺术语言，采用特定的视觉传达方式，借助特定的展示设施和道具，通过对空间的精心创造，将特定的信息和内容展示于公众，达到宣传主题、解释展品、引导公众、沟通合作等目的，并以此对观众的心理、思想和行为产生影响，达到商品宣传促销和社会文化交流等目的，营造人与人之间能交互沟通并共享的富有意味的空间环境。

展示空间设计在表达创意的过程中，汇集了不同层面的设计和其他艺术形式的综合性的设计课题，是一项涉及诸多其他相关学科的设计领域。譬如，在空间创造上，运用了建筑设计和室内设计技巧，营造具有象征意义和富有表现性的雕塑般的情境；在设计方法和设计程序上，涉及环境艺术设计、公共空间设计、景观设计及家具设计等诸多与艺术设计相关的内容。同时展示设计又兼具自身的专业特性：在展示内容和布置手法上，运用了视觉传达设计知识；在展示道具上，运用了产品造型设计知识等。不仅如此，展示设计中的空间处理还涉及照明、计算机控制、音效、力学效应等诸多现代技术。如今，更是与行为艺术、数字媒体艺术等领域关系密切，越来越多地以影像、交互等手段来呈现。

展示设计是一种人为环境的创造，空间规划是展示艺术的核心要素。所以，在对空间设计进行探讨之前，明确空间的概念是非常必要的，这也是每一个设计师需要当作理念的基石铭记在心的。

设计师进行展示项目的策划规划到制作完成面向公众，其目的并不仅仅是展示本身，而是通过设计，运用空间规划、平面布局、灯光控制、色彩搭配、展品陈列以及各种组织策划，有计划、有目的、有逻辑地将展示的信息展现给观众，并力求观众能接收到展示方意图传达的信息（见图1-4～图1-6）。

图1-4　2010年上海世博会德国馆
箱子构件延伸至顶面营造了一个储藏室的空间，意在表达德国设计的品质与创新力量，如这些高高堆放，印有"德国制造"的货箱，正整装待发运往世界各地。

图1-5　2010年上海世博会英国馆
"种子圣殿"空间由约6万根透明的亚克力杆构成，每个杆内含有不同种类的种子。白天，光线透过亚克力杆照亮室内。夜晚，则通过杆内的LED光源进行照明。

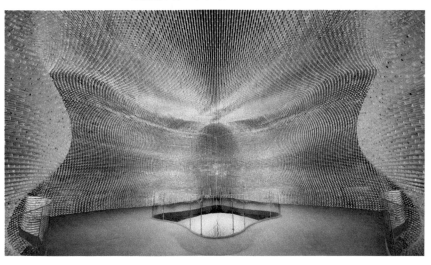

图1-6　2010年上海世博会英国馆

1.1.3　室内展示空间设计的本质

所有的展示都是一种交流，即传达信息。从宏观的角度，任何展示活动都有"广而告之"的意义。1948年，美国学者H. D. 拉斯韦尔（H. D. Lasswell）在《传播在社会中的结构与功能》一文中首次提出了构成信息过程的五种基本要素，对信息活动的一般过程和要素进行了细致的研究和归纳。这五种基本要素为：

Who（谁）；

Say what（说了什么）；

In which channel（通过什么渠道）；

To whom（向谁说）；

With what effect（产生什么效果）。

因为这五大要素的英文表述中都有一个以"w"开头的词，故称为"5W"模式。这个模式并不复杂，它无非是说任何一个信息活动过程都由五个部分组成：信息传播主体、信息内容、信息传播媒介、传播对象和传播效应。以一个汽车展览会为例，"谁"这个要素就是参展的厂家或经销商；"说什么"则是其推出的样车及相关信息；"通过什么渠道"就是利用展厅或展示会等传播媒介对外传播自己的商品信息及企业形象；"对谁说"则是参展方意图展示并与之交流的对象，即消费者或潜在的消费者，也即参展方心目中的特定客户群；而"产生什么效果"这个要素则是特定客户群在参观完展览后产生的观后效应，常演变为消费效应（见图1-7、图1-8）。

这五个要素的组合，构成了一系列展示信息活动的传播过程。当然这样的划分方式有一定的局限性，因为这是一种信息的单向直线运动模式，没有提供一条受众对信息产生反映后的反馈渠道。而现代展示活动中，将更多地关注信息的反馈，就使得展示活动不再是一个静态的、链式的结构，逐渐成为一个循环往复、周而复始的动态的"环"。其中，链的首与尾被反馈系统相连，即在展览方或经销商与参观者或消费者之间形成一个完整的回路，使得信息发送者发送的原始信息得到充实，并加强了这个"环"的紧密性（见图1-9）。

作为一种人类特有的社会文化活动，无论是怎样的展示场所或是展示类型，运用怎样的展示手法或技术，都是在特有的空间内以讲述故事的形式向人们传递不同的信息，让人们能在潜移默化中感受并能接受到表达的信息。

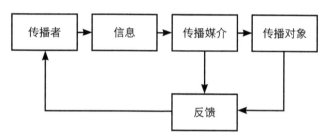

图1-9　现代展示活动下信息

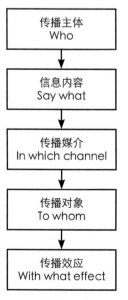

图1-7　拉斯韦尔的"5W"模式

图1-8　2013年德国法兰克福国际汽车展
这是一个"悬挂城市"，奥迪展台以镜像的方式，将城市、树木、道路倒置在展厅顶部，空中道路以镜面表现，地面的车辆又映射至镜像空间，不禁让人迷失在虚幻迷离的摩登都市中。

图1-10　英国伦敦V&A博物馆

1.2　现代展示的形式

从1851年在英国伦敦举办的首次世界博览会，到2010年中国上海世界博览会，再到意大利2015年米兰世界博览会，各种世界规模的博览会已经经历了160余年的发展历史，并相应出现了数不胜数的世界规模的交易会；从迪士尼乐园的各种景观和游乐项目到各类商品展销会和商品陈列；从卢浮宫庞大的艺术博物馆到近年来中国一线、二线和新兴城市兴建的规模不一、种类丰富的博物馆、纪念馆、主题馆等，皆不乏我们熟悉的例子。尽管这些展示活动在规模和内容上有着很大的差别，但在其展示的性质上有着相近的特点。

近年来，世界各国的文化性和商业性的展示都呈现出高投入、长期化的趋势，一些著名的博物馆，如英国伦敦维多利亚和阿尔伯特博物馆（Victoria and Albert Museum，简称V&A博物馆，见图1-10），美国纽约大都会艺术博物馆（Metropolitan Museum of Art，见图1-11）和现代艺术博物馆（Museum of Modern Art，简称MoMA，见图1-12）等，以及世界博览会上的各国展馆及各大企业

馆等，都不惜斥巨资，投入大量人力物力，运用最新科技成果，使展示成为一种融合尖端科技和密集信息于一体的艺术性的文化活动（见图1-13）。

图1-11　美国纽约大都会艺术博物馆，西北王宫的石像

图1-12　美国纽约现代艺术博物馆

小贴士

1851年，维多利亚女王以外交方式邀请各国政府参加，在英国伦敦举办的第一个真正意义上的世界博览会，拉开了现代世界性博览会的序幕。

图1-13　2015年意大利米兰世博会中国馆
展区呼应主题"希望的田野",采用2万余根LED光纤点阵构成人工"麦秆",构成了巨型的动态化田野影像画面。

与此同时,旅游业的发展让各国都认识到这场"无烟工业"带来的巨大经济效益,这也促使各地纷纷举办各种介绍当地人文历史、风土人情的展览,组织各种传统的节日庆典活动,展示具有历史意义的建筑和景观,想方设法以各种方法吸引旅游观光的客人。运用现代展示手段来形象地再现各种失传的传统手工技艺、风俗人情,更是现代旅游文化的重要方面。

此外,商业和贸易更是现代展示设计最重要的领域。大中型城市中不断新建的大型购物中心、超级市场和各类连锁专卖店、旗舰店等为了在激烈的商业竞争中取胜,在广告和展示上都花费了巨大的财力物力。橱窗陈列、POP(卖点广告)设计,每每标新立异、推陈出新。购物中心内层次不同的快闪店和主题展应运而生,短时间内聚集的人气在社交平台上产生了巨大的品牌效应和影响力,为年轻的潮流群体所追捧。而在一些世界性的贸易会上,展示设计更是一项极其重要的内容,如1992年西班牙塞尔维亚的世界交易会,曾聚集了无数的展示设计师,他们在94个展区为100多个国家工作,在这个人口不到纽约1/20的城市举办的交易会,在6个月内吸引了4000多万观众(见图1-14)。

1.3　展示空间设计的特性

(1)综合性

展示设计是一门融合建筑设计、环境设计、平面设计、家具设计、数字媒体设计、交互设计等多门学科的综合性跨界设计学科。不仅包含了视觉、听觉、触觉和味觉等感官体验,综合了二维、三维和四维的物质形态,还综合运用了材料工艺、灯光色彩、数字媒体技术等表现手段,集合图形思维与造型思维、逻辑思维与形象思维,全方位、多角度地去表现展品的特性(见图1-15)。

(2)实物性

展示设计是一种以实物展出为基础,以视觉传达为方式的信息交流形式。因此,大部分的展示是围绕实物——展品来展开的,辅助图文展板、多媒体影像等。"百闻不如一见",实物具有的真实性和具象化的特征,需要根据展示的实物特性来渲染空间氛围与灯光,让展示设计具有极大的说服力和吸引力(见图1-16)。

图1-14　法国巴黎老佛爷百货
开业时与香奈儿合作的展陈空间,金色埃菲尔铁塔从地面升起,依势高低站立的模特身着春季服饰,展现了巴黎都市生活与香奈儿的甜蜜色调,在整个具有装饰艺术风格的购物中心,建构了一个未来零售形态的"商业的实验场"。

（3）互动性

展示设计的互动性表现在两个方面。一方面是展示方式具有互动性。展示活动中，为了提高观众的参与热情，通过五感的共鸣，如触摸、操作、体验等多种交互方式来获得真切、丰富的感受。另一方面，展示活动是人与环境空间的交流互动，观众一旦进入空间，即被环境氛围所影响，在营造的时空维度中，感受展示的主题与故事内容，因而，展示活动的过程通过人和空间共同完成，人在空间活动中获得对空间环境的感知，空间由于人的活动而具有存在性（见图1-17）。

展示设计的主要目的之一就是传达信息，多种信息的传达方式构成了展示设计的互动性。展示中的绝大多数展品可以任意参观，一般附有详细的图文介绍资料。现代展示设计不再是简单地将展品放置在陈列柜内，一

图1-15　上海赞那度旅游体验空间
通过VR（虚拟现实）技术和VR体验营造的"未来的旅行社"，由数字化技术演绎出像素化空间，像素化的数字云悬浮于空中，立方体的触控展台分散在整个空间。

图1-17　某品牌展厅
观众漫步于互动性的展示空间，信息通过实物、影音和故事传达给观众，构成了丰富性且开放的空间。

图1-16　丹麦国家海事博物馆

些重点展项还会设置多媒体互动展示台、展示信息导览设备，可以连接手机APP终端等，帮助观众加深对展品的了解（见图1-18）。

（4）合作性

展示设计的综合性导致它是一个非常强调各职能部门合作的设计学科，相较于其他设计类型，离不开一个团队的整体协作，各部分之间的相互配合。通常需要建筑设计师把握建筑空间的围合与分割，展示设计师负责展示空间的总体展陈设计、展示主题与空间造型，视觉传达设计师负责版面、陈列设计，艺术团队负责雕塑、场景的制作，计算机工程师负责多媒体展项的具体内容。这些不同领域的专业人员通力合作，才能产生良好的展示效果（见图1-19）。

（5）前沿性

现如今的消费时代，展示设计亦成了一种促进产品销售的手段。无论哪种类型的展示，不仅是主题性文化的表达，也是终端的销售，特别在大型会展中尤为常见。在世界性博览会上，不少参展国家和企业集团，对其参展项目与方式的择定无不潜藏着这种文化、经济、贸易相互开发的目的。此外，越来越多的博物馆、美术馆也设置博物馆商店，结合展品出售文创衍生产品，推广品牌形象，这也逐渐成为展示设计中的一个非常重要的空间。

图1-18　2010广州国际设计周某设计事务所展厅
展示空间内以多样化的展示形式丰富观众的参观体验。

图1-19　荷兰露天博物馆"荷兰佳能"展厅
全景影片展示了荷兰在过去的几个世纪中地理上发生的变化，层叠的座椅和顶面造型表示抽象的地面层。

1.4　当代展示设计的发展趋势

2010年成功举办的上海世博会，展现的不仅是一场文化盛宴，更是各国展示技术的饕餮大餐，由此推进了我国展示行业的新一轮发展。展示，作为融合文化、技术与艺术的表现形式，早已成为了一种符号，美术馆、博物馆、科技馆、商场、商铺、展销会、博览会，甚至各种形式的主题展览，丰富着人们的日常生活……人们对展示活动的关注日趋强烈，它亦丰富了当代人的精神与物质生活。随着信息时代的到来，应用前沿的新理念、新技术、新媒介而生的当代展示设计，更为关注人性化的交互式体验，以此提升信息传播的功效，向着更多元化的趋势发展并进化。

1.4.1　以"人"为中心的情感体验

传统展示形式往往以"物"为主体，围绕物的主题指导设计工作，通常形式单一，功能固定，观众并不能自由地按照兴趣选择，故而难以调动他们的观展兴趣，不免让展示效果大打折扣。而今，人们不再满足于走马观花式的浏览展品而收获甚微，越来越多的人渴望了解展品的价值信息。

泰特美术馆前馆长尼古拉斯·赛罗塔在1987年发表评论："未来的新博物馆将会精妙地设置各种体验，以寻求不同的模式和诠释层面，它由观众根据自己的特定爱好和感觉开拓，而不是跟着策展人所指定的唯一路线游走。"如何激发观众的主动性，推行以"人"为中心的设计理念，有关交互性与体验感的展示设计被日趋关注。从"信息接收者"的生理和心理特性切入，充分利用多样化的数字技术、材料和思维方式，有效调动受众的好奇心与热情度，通过参与展项或装置之间的互动，在肢体、行为、情感上获得更多富有人情味的体验。因此，在整体设计中，着重营造富有感染力的展示环境，以满足观众的官能刺激，最终在潜移默化中实现展示信息的有效传递。

如上海自然博物馆，以实物标本结合场景化手法，综合运用了声光电技术，为观众营造了一个沉浸式的、交互式的体验之旅。如馆内的"化石挖掘体验"活动，位于馆内特设的教育活动区域探索中心内，针对身高1～1.3m的学龄前儿童，让他们模拟古生物学家在化石复原现场挖掘化石，以此提高儿童对化石的辨别能力，并对化石挖掘有一定了解。通过情境化的场景，以角色扮演的个性化体验方式，让儿童能近距离地接触、使用并操作展品，获得更真实的经历，在游戏过程中激发探索精神，并获得自然知识，最终达到儿童教育的目的。儿童进入博物馆内，先观看恐龙标本区域的相关内容，有了对化石的初步认知，再亲历游戏环节，加深更具象的印象。这样针对学龄前儿童精心设计的展示与教育方式，切实体现了人性化设计中"以人为本"的理念（见图1-20、图1-21）。

图1-20　上海自然博物馆探索中心
在化石挖掘体验区，1～1.3m的学龄前儿童在情境化的场景中，通过角色扮演的方式，模拟古生物学家在化石复原现场挖掘化石。在游戏中了解化石的相关知识，更适应于低龄儿童的信息传递方式，寓教于乐。

图1-21　上海自然博物馆"演化之道"展厅
展区内回荡着霸王龙的嘶吼，机械传动的解剖模型不时张开嘴巴，露出利牙，挥舞尾巴，演绎了狩猎时的姿态，引人观望。

图1-22　上海电影博物馆"光影之戏"展区
进入序厅，顶部悬吊的道具与装饰构成光影的世界，致敬经典。

图1-23　上海电影博物馆"星光大道"展区
漫步在灯光地毯上，如星光大道上耀眼的明星，两侧的虚拟粉丝和摄影师不停闪烁着相机，让观众体验了一番万众瞩目的情境。

图1-24　上海电影博物馆"光影长河"展区
一块块上下交叠的交互桌面在空间内延伸，犹如展开的光影长河，观众通过触摸、播放程序，了解自1949年以来上海电影的发展与梦想。

在上海电影博物馆四层的展示空间内，以互动和对话为推动力，设有70余个交互式展项，为观众打造一个鲜活的展示环境。按照人流动线规划，观众自明亮透白的底层序厅，由电梯通向四楼展厅。随着电梯顶部倒数计数，电梯门打开，一条纵向延伸的幽深通道瞬间幻化为喧闹的星光大道。在这条"灯光地毯"上，玻璃地台下密布的红色灯光依势延展，两侧黑镜上簇拥而至的虚拟粉丝和记者的剪影，此起彼伏的声浪，不停闪烁的闪光灯，试图捕捉刚刚经过的"明星"。纯黑、白线、红灯、闪光，在黑镜的反射下，空间无限拓展，极具感染力，瞬间就将观众的感官体验调动起来。二层的电影工厂内设置多个互动体验区，既可在录播工作室中为喜欢的经典译制影片配音，还可在声效工作室模拟电影音效等，以体验的方式让观众了解影视制作的创作过程。他们成了电影中的一员，被邀请参与其中的活动，一改传统博物馆展示，将受众放在设计的核心，在交流、互动与体验中，提升公众的情感体验，亦体现了人性化设计中"以人为本"的理念（见图1-22～图1-24）。

1.4.2　多层次的信息交互

展示设计的本质是信息的传递，在当代展示的互动语境中，信息的展示不仅仅依赖展示载体本身产生，而是在人、空间、展品的交流与交互中形成。有资料显示，人们通常会记住阅读的10%，耳听见的20%，眼看见的30%，看见并听到的50%，说过的70%，说过并动手实践的90%。由此可见，行动胜于语言，主观能动胜于被动接受，而融合的感官效果越多，在脑中停留的时间就越持久。因此，信息交互远比单向的传播效果好。

在多层次的信息交互活动中，观众既是信息的接收者，又是信息的传播者。受众面对的不再是单纯的实物、文字、图片、模型这种单向的传播，而是体验数字化的交互，人与展品发生对话与交流。观众还可作为传播者来调整设定范围，对他人起到影响。整个过程中，观众可以主动参与，根据自己的喜好，选择需要的信息，进行手脑结合的实践，与展品进行信息的双向交互。一问一答间，或一个步骤接一个步骤，交互设计带来的体验感，让观众在展项前停留的时间越来越长。这样，他们的兴趣和积极性被调动起来，主动探索、发现和思考，让信息认知停留的时间更长，影响更深远（见图1-25、图1-26）。

在数字化展示设计中，虚拟交互体验模拟对应体验者的各种感官机能，在虚拟环境下与之产生互动行为，

图1-25　美国密西西比州格莱美博物馆
互动性展项使得观众可以根据自己的喜好，自由选择，完成信息的
双向交互。

图1-26　2015年意大利米兰世博会日本馆
展项以圆柱形瀑布造型代表大自然，不断呈现与食物相关的图片，
以此介绍日本的美食，观众可以从360°全方位地观看和操作。

大大加强体验者的沉浸感。譬如日本teamLab团队，其设计作品通过电脑程序实时描绘，而非播放预制的影像，根据参与者的行为举动，计算出相应模式，并持续不断变化。在日本森大厦teamLab无边界数字艺术博物馆，520台电脑，470台投影仪，处理着复杂的运算。内部的展示装置伴随观众的行为产生共鸣，如交互装置"呼应灯森林"：无限镜面空间内密布的灯盏，当有人靠近时，灯盏随之点亮，释放出光谱共振的色彩；以此为起点，光被传递至相邻的灯盏，色彩在跳跃，被不断传递，最终又回到起点。当光与他人的光相遇时，不同色彩的灯盏随即交相辉映，并在此处延续，在密闭空间内形成沉浸式的视觉盛宴，人与人、人与环境之间形成了有趣的互动，构建了无可比拟的数字化交互世界。而且，创作团队的作品并不只是简单地追求酷炫和互动，很多主题与自然、城市、动物共生相关，呼吁爱与奉献，这也是一种积极的社会正效应（见图1-27）。

图1-27　深圳"teamLab舞动艺术展&未来游乐园"内的"呼应灯森林"展项
灯盏会感应到展厅内的观众，当有人靠近时，随之点亮，并延绵传递开来；若光与他人的光相遇，则交相辉映，照亮整个空间。

1.4.3 沉浸式的娱乐体验

伴随社会经济的不断发展，人们生活与文化水平不断提高，参观展览已成为当代人在学习工作之余的一种时尚的休闲娱乐活动，尤其是年轻人，热衷于一个又一个的展示活动，穿梭游行在艺术时空之旅中。展示设计正逐步从单纯的观赏化走向娱乐化，表现在一些交互展项，或者是展示空间的环境营造中。

沉浸，指让人专注在营造的时空环境，内心感受愉悦并获得满足，而忘记真实世界的时空。沉浸式体验，在氛围营造的虚拟时空中，利用人的感官体验和认知体验，通过一些互动娱乐展项，达到寓教于乐的目的。

如北京故宫博物院在乾清宫东庑举办的"宫里过大年"数字沉浸体验展，选取故宫历史及院藏文物中蕴

图1-28 北京故宫博物院"宫里过大年"数字沉浸体验展之"冰嬉乐园"展区
两侧墙幕动画投影大雪漫天飞舞，故宫藏品"冰嬉图"中的古人在风雪中冰嬉游戏，姿态飒爽；LED地屏上，条条冰痕跟随观众脚步绽放白色光影，炫目非凡。

图1-29 北京故宫博物院"宫里过大年"数字沉浸体验展之"堆瑞兽"展区
还原故宫典藏《乾隆雪景行乐图轴》中堆雪狮子的场景。观众在幕前挥舞手臂，投幕上大雪自天空急速飘落，古人铲雪堆成瑞兽。挥舞的速度越快，则雪花越大，仿若亲身体验了一番古代皇家瑞雪丰年、嬉戏游乐的欢愉。

图1-30 北京故宫博物院馆藏《弘历雪景行乐图轴》

含的过年元素，大量运用数字化技术，在娱乐交互中，让古老的传统文化与当代设计艺术交融碰撞，构建了沉浸式的文化体验空间。在"冰嬉乐园"展区，提取清代皇家腊八冰嬉的习俗，蜿蜒曲折的空间，两侧墙幕动画投影大雪漫天飞舞，故宫藏品"冰嬉图"中的古人在风雪中冰嬉游戏，姿态飒爽；LED地屏上，条条冰痕跟随观众脚步绽放白色光影，炫目非凡。展区尽端另设交互游戏"堆瑞兽"，还原故宫典藏《乾隆雪景行乐图轴》中堆雪狮子的场景。观众在幕前挥舞手臂，投幕上大雪自天空急速飘落，古人铲雪堆成以故宫御猫、太平有象为原型的瑞兽。观众挥舞幅度越大，瑞兽堆砌速度也越快，仿若经历了一番古代皇家瑞雪丰年、嬉戏游乐的欢愉。如此这般，与文物互动的沉浸体验，其中70%的图像素材取自故宫的典藏珍品，这样的形式既展示并传播了中国传统文化中的节庆典俗，又无形中让这些艺术作品影像化，生动起来，一举两得（见图1-28～图1-30）。

1.4.4　数字化的动态展示

传统的陈列方式，一般由展墙、展柜、展台组成，以图片和展品为主体，文字说明为辅，多采用静态的陈列方式。一旦展品数目繁多，展示形式单一，这种单调的陈列方式就愈发凸显空间的沉闷和压抑，容易造成观众的倦意和乏味。而当代展示活动早已拓展了传统展示的概念，其技术手段也追求着新奇与多样化。

如今，越来越多的博物馆和展示活动中，数字化的动态展示成了常态，以视频、程序、全息影像等形式帮助展示信息的传播。数字化的动态展示，可以多方位、多角度、多形式地对展品加以诠释，展示的表现形式也更加灵活。这样的展示方式，扩大了受众的多元化，如儿童、青少年或非专业观众，也能通过直观浅显而又富含趣味的动态形象，使人获得满足。相比传统静态陈列，其高效性不可相提并论。

如上海徐汇艺术馆举办的"乐者敦和·大音煌盛——敦煌壁画乐舞专题展"，首次以敦煌壁画中的伎乐图像为切入点，让二维的静态壁画形象地动了起来，使得梵国妙音再现，现代数字化的手段，成了复兴并传播传统文化的重要途径，亦为敦煌艺术的发展再生探寻了新模式。展览内设敦煌虚拟洞窟，不再是单纯地复制洞窟内部，而是运用三面投影模拟洞窟的空间感。在音乐创作中选用壁画中的古乐器组合，模拟还原经变中的演奏；运用CG（计算机动画）技术复原壁画中的人物形象，以真人动作捕捉并提取专业舞蹈姿态。借助全息投影，静态的古代壁画中的伎乐天被赋予了灵动的婀娜身姿，实现了虚拟与现实的交错，为观众营造了一场浸入式的感官盛宴，闭目倾听，在余音绕梁中，到达了理想

中的梵音国度。此外，展览还结合二维码的手段，拓展观展方式，即使展览结束，还能通过手机终端，观看相关影像，再次聆听梵音古乐，更是突破了时间与空间的限制，传扬了传统文化（见图1-31、图1-32）。

另一方面，近年来数字化展馆和数字资源大量兴起。这些展览利用全景照片或三维模型将展示空间内部环境一一呈现出来，或是以三维扫描重塑展品模型与贴图，建立了庞大的数据库，而用户则可以通过网络平台全方位地观察展品。1995年，法国卢浮宫开通了官方网站，首次将藏品从展厅延展至网络，向公众免费开放。5年之后，又建成多语言版本的3D虚拟展馆，更为它扩大了世界性的影响力。而今，越来越多的博物馆和展馆利用网络平台拓展了数字化展馆和数字展项，通过短视频、全景图片、虚拟现实等技术，让人们即使在家中，也能以一种更细致的方式全角度地接触展品，充分了解

图1-31　"乐者敦和·大音煌盛"展
虚拟洞窟内以CG技术，动作捕捉演绎的乐舞形象。

图1-32　"乐者敦和·大音煌盛"展手机终端

图1-33 英国大英博物馆数字藏品

其背后的故事，立体直观地观看世界各地的馆藏珍品，而非走马观花地匆匆一览（见图1-33、图1-34）。

2017年，在上海博物馆与英国大英博物馆联合举办的"大英博物馆百物展：浓缩的世界史"巡展中，第101件展品选择了"二维码"图形，正是将展出的100件展品汇集成了"二维码"，预示着博物馆展示未来的发展方向（见图1-35）。展览的数字化以信息化和数字化为观众提供更多样化的参观手段，运用科技来解读传统，使用户成为博物馆的见证者和建设者。

图1-34 英国大英博物馆网上虚拟展馆

图1-35 上海博物馆"大英博物馆百物展：浓缩的世界史"展览
观众用手机观看第101号展品的数字化信息。

思考与延伸

1. 现代展示设计是一门什么性质的学科？有怎样的分类方式？
2. 举例说明信息活动的传播过程。
3. 当代展示空间设计的特性有哪些？
4. 简述当代展示设计的发展趋势，并举例说明。

随着现代社会的发展，频繁的国际交往，展示主题的丰富，传播媒介的革新，展示设计呈现出多样化、复杂化、综合化的趋势，其内涵已不再是纯粹的展示空间和单一的照片陈列，当代展示空间设计的发展已突破了传统的范围局限，是一门综合性很强的艺术学科，覆盖面非常广泛。我们日常所见的历史博物馆、综合性博物馆、科技馆、美术馆、贸易展览、展销会、企业展厅，世博会的国家馆和企业馆，商场展厅、商品专卖店等都属于展示应用的范畴。展示设计既包含科学教育，又兼顾艺术观赏；既具社会性，又具商业性。

2.1　博物馆空间展示

2.1.1　概念特征

博物馆是记录人类文明历程和记忆的场所载体，一个大型的综合性博物馆在一定程度上反映了一个城市、一个国家乃至一个文明历史人文的缩影。众多的专业博物馆（各种主题博物馆、美术馆、科技馆等）更是一个城市或地区经济和文化建设的重要内容。一些知名建筑师设计的博物馆建筑本身也往往成为城市的地标之一。

博物馆的出现最初萌芽于人们的收藏意识。博物馆一词发源于希腊语——Mouseion，意即"供奉缪斯（Muse是掌管学问与艺术等的九位女神）及从事研究的处所"。公元前3世纪，托勒密·索托在埃及的亚历山大创建了一座专门收藏文化艺术珍品的"缪斯神庙"，被公认为人类历史上最早的博物馆。世界上第一所现代意义的博物馆，是始建于1683年的牛津大学阿什莫林艺术与考古博物馆，至此，Museum成为博物馆的通用名称。

现代意义的博物馆在17世纪后期开始出现。18世纪中叶，英国收藏家汉斯·斯隆爵士为了让自己的收藏品在其死后能永远维持整体性而不被分散，决定将自己的8万余件藏品悉数捐赠给英国王室，王室由此决定成立一座国家博物馆。大英博物馆于1753年成立，1759年1月15日向公众开放，成为世界第一个对公众开放的大型博物馆（见图2-1）。1946年，国际博物馆协会在法国巴黎成立。1977年，国际博物馆协会把每年的5月18日定为"国际博物馆日"，并且每年都会确定一个主题。

在中国古代，并没有博物馆一说，直到19世纪中叶，访问西方的中国人开始接触到外国的博物馆，将其翻译为博物馆（博物院），自此博物馆一词逐渐通行于中国。1905年，清末张謇创办的南通博物苑，被认为是中国最早的博物馆。

图2-1　英国大英博物馆大中庭

图2-2　贝聿铭主持改建的法国巴黎卢浮宫入口

图2-3　法国巴黎奥赛美术馆
由老火车站候车大厅改建的展览大厅，馆内主要收藏1848～1914年
的近代艺术作品，特别是印象派画作。

博物馆陈列以长期、固定为主，在一定程度上反映当地政府某一方面的立场或倾向，相关职能部门会参与到博物馆的陈列布展之中。通常情况下，展示内容需要经过严格的审核，以保证展品和展示内容的权威性。展品多以珍贵的历史文物和文献为主，因此在设计中要充分考虑展品的保护和安全；展示内容往往要展现某些历史发展过程或重大历史事件，因而在展示的整体设计上就要求具有非常严密的逻辑性和连续性。

博物馆的发展概况从初期以文物陈列为中心的单一方式，逐渐演变为从主题内容到展示陈列、室内外环境装饰、建筑的一体化策划和设计，要求既具有地域人文色彩，又需具有时代特征和个性化的展示形式，其目的在于：创造一处大众理解与接受知识的场所，使其过程通俗易懂、深入浅出并能共同参与（见图2-2、图2-3）。

20世纪末、21世纪初，人类迎来了前所未有的思想大潮，随着电子信息技术及互联网的发展，数字科技带领人们进入一个全新的信息时代。越来越多的展示方式被运用到博物馆中，触摸面板便于参观者的交互体验，4D影院让参观者摆脱时空的限制，虚拟场景再现将参观者融入历史长河，VR（虚拟现实）和AR（增强现实）技术延伸了展陈内容，这些都是为了让观众在观展过程中获得更身临其境的感受。而近年来广泛使用的"互联网+"，更是让博物馆的承载从现实空间拓展到虚拟空间，现在大多数的博物馆都推出了网上数字展馆，以全景照片或3D虚拟技术构建网络平台，让人们不再受时空的限制，甚至足不出户，就能浏览世界各地的珍贵文物（见图2-4～图2-6）。

图2-4　敦煌莫高窟第285窟全景漫游

图2-5　敦煌莫高窟第285窟全景漫游
可局部放大，更清晰地看到人物造型细节。

小贴士

"数字敦煌"

» 　在经历数十年的抢救性保护后，敦煌进入了数字化保护的时代。通过测绘遥感技术，将莫高窟外形、洞内壁画与雕塑，利用"数字化"与"互联网+"技术，以高清精度虚拟地展现在网络中。

» 　目前，在数字资源库中已可呈现最经典的30个洞窟，历经10个朝代，总计4430m²的壁画面积，以300DPI的采集精度虚拟再现了敦煌莫高窟的艺术魅力，为敦化文化的全球分享、传承和弘扬、学术研究和多元利用提供了良好的平台。

图2-6　敦煌莫高窟数字展示中心球幕影院
游客通过半球形穹顶的巨大屏幕，感知莫高窟壁画，再结合实地体验形成复合参观模式，亦能缩短在窟内停留的时间，减少对壁画的人为破坏。

2.1.2　博物馆的目的

博物馆是进行展示活动的专门场所，2007年，国际博物馆协会在维也纳召开全体大会，并通过了经修改的《国际博物馆协会章程》，对博物馆的定义进行了修订。定义指出："博物馆是一个为社会及其发展服务的、向公众开放的非营利性常设机构，为教育、研究、欣赏的目的征集、保护、研究、传播并展出人类及人类环境的物质及非物质遗产。"

从早期博物馆以文物保管为主，到将"教育"功能调至首位，反映了近年来对博物馆社会责任的强调、对社会效益的关注。而今，博物馆作为一个人们终身学习教育的载体，已受到越来越多的瞩目。随着人们对精神生活追求的日趋提高，信息表现的手段越来越丰富，人们对展示的形象性、生动性、直观性、参与性的要求日趋迫切。

博物馆展示作为一种独特的展示形式，具有信息搜集、学术研究和普及教育三大职能，其社会价值主要在于为社会教育和专业研究和提供良好的环境和条件。此外，还有作为人文景观的传播交流、观光旅游、艺术鉴赏和休闲娱乐等功能（见图2-7、图2-8）。

2.1.3　博物馆的设计要素

博物馆的展示设计需要充分考虑展示的环境空间、参观流线、照明采光、展品安全、观赏效果、观众休息等各方面的因素，在综合设计中运用各种先进的科技手段和表现形式，以此反映当地的科技发展水平和艺术设计成就。因此，博物馆的布展设计也是所有展示活动中技术含量和艺术效果要求最高的，通常会考虑以下因素。

（1）合理的布局

博物馆内部空间的组织与规划是总体设计中最为关键的部分，其内部参观流线与博物展示空间布局密切相关。有序且流畅的参观路线规划，能更好地让观众在舒适安逸的心态下观赏展览。对于展品的陈列，也应突出重点、合理布置，不能像普通商品那样布置得琳琅满目，而应根据展品的体量、内容等来设置合适的观看距离和范围（见图2-9）。

图2-8　英国自然历史博物馆

图2-7　西班牙毕尔巴鄂古根海姆博物馆

图2-9　美国纽约自然历史博物馆罗斯太空中心的中央展厅

图2-10　丹麦提尔皮茨博物馆"混凝土般的军队"展厅
通过对空间氛围的营造，每个掩体中都有一个人物角色，以他或她的视角描绘故事情节，使观众跨越时空进入一段探寻第二次世界大战历史的旅程。

图2-11　丹麦提尔皮茨博物馆"西海岸黄金"展厅
展区带领观众进入了一座迷人的琥珀森林，这里是整个西欧最全面的琥珀主题展览。森林里意向化的树木暗藏许多激动人心的经历，在人们探索琥珀的魅力后，不禁为之惊叹。

（2）良好的氛围

　　从整体入手，博物馆空间的展示环境是为了更好地烘托展品，渲染氛围。譬如艺术展品的陈列，为突出展品要尽量避免其他物件的干扰，应当营造恬静悠然的展示氛围、浓郁的文化气息，需精心设计但切记不可有过多的渲染，以免喧宾夺主。而科技类博物馆则着重空间氛围与灯光的渲染，整个展厅应迎合主题内容，再塑一定的场景性，打破时间与空间的界限，更好地衬托展品的陈列（见图2-10～图2-13）。

图2-13　丹麦提尔皮茨博物馆"西海岸故事"展厅
展区运用4D多媒体技术和声光电技术辅助，用14个故事讲述了欧洲西海岸2万年来的历史，影片每两小时昼夜交替一轮。当夜幕降临，救生艇的冒险给人们带来一场令人惊叹的时光之旅。

图2-12　丹麦提尔皮茨博物馆"提尔皮茨地堡"展厅
由地下展示通道进入古老的掩体建筑，在黑暗的环境中，观众通过体验游戏模拟地堡防卫的模式，了解希特勒在欧洲建立的巨型防御工程——大西洋壁垒这一隐藏于阴影下的战争故事。

（3）适度的照明

博物馆内陈列的展品多为珍藏的艺术品、文物标本等，通常对光环境有特殊的要求。其照明设计除了要给观众创造一个良好的视觉环境以外，同时还要充分考虑展品保护。必须充分考虑展品能承受的最高照度和辐射，以降低展品受损的可能性。因而，大部分展厅空间照度较低，以暗为主，以暗衬亮，重点突出文物主角，以便人们沉浸于氛围中。而越来越多的艺术类博物馆在此基础上，更多地考虑观众感受，适当提高照度，开始尝试自然光，提升观展的愉悦性与舒适性（见图2-14~图2-17）。

（4）统一的风格

博物馆的室内展示空间，大多依托其建筑艺术构建而成，或极具现代张力，或质朴无华，或冷静深邃。合理的空间与统一的风格，能让观众更好地关注展示内容，而非喧宾夺主，华而不实。此外，各个空间内系统化的色彩、照明、材料等因素之间的融合，也都是形成博物馆展示空间统一风格的重要因素。

图2-14　上海玻璃博物馆"技术和工艺的发展"展区
运用灯光艺术，8条LED屏幕在尽端垂直向上延伸，犹如窑炉散发的余热。

图2-15　上海玻璃博物馆"从日常生活到科技前沿"展区
巨大的城市插画墙，墙面醒目的发光问号，引导参观者打开暗门探索真正的答案。

图2-16　上海玻璃博物馆 "艺术创造力的证明"展区中的玻璃屋
将粗糙的熔岩拟化为晶莹通透的玻璃，在光之屋中呈现别样的器物之美。

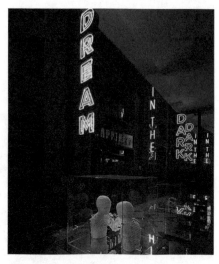

图2-17　上海玻璃博物馆幻梦厅
光源迷离中，展现国内外艺术佳作。

2.1.4 博物馆的类别

博物馆展示在很大程度上是一种文化的展示，大多常年陈列诸如艺术、科学、历史、自然等文化范畴的展览，这与商业展示及博览会展示大相径庭。目前，国际上通常以博物馆的藏品和基本陈列内容作为类型的划分依据，可分为艺术类博物馆、社会历史类博物馆、自然科技类博物馆、综合博物馆、主题性博物馆等。除此之外，还有不以实物收藏、陈列于特定建筑，而是将文化遗产、自然景观、建筑、可移动实物、民俗演示等这些社区中的自然和文化遗产作为组成部分。不同博物馆的性质和具体任务不尽相同，定位不同，观众的需求亦不同，基本陈列的主题也就因馆而异。

（1）艺术类博物馆

艺术类博物馆主要展示的是藏品的艺术和美学价值，展示内容大多为绘画、雕塑、手工艺品、设计作品等，可以看作是对艺术作品表现的文化力量的集成，影响着人们对艺术的认知和思考。艺术的种类繁多，有的展馆包罗万象，各种艺术门类都能一一呈现；有的还分专项展区分别加以陈列。世界著名的艺术类博物馆有法国卢浮宫博物馆、美国大都会艺术博物馆、北京故宫博物院等（见图2-18）。

观众在感受艺术品的魅力的同时，往往还会被展馆空间所营造的艺术氛围所感染，在熏陶之下品味展品。

图2-18 北京故宫博物院"有界之外：卡地亚·故宫博物院工艺与修复特展"

如日本直岛的地中美术馆，对于主要藏品印象派大师莫奈的《睡莲》的铺垫，从通往美术馆的花园小径开始营造，比照莫奈画中的睡莲，在馆外按比例建造了一方迷你版池塘，慵懒地点缀着几片睡莲。展厅内部，全自然光采光从3m多高的天花板边缘倾泻而下，素白简洁的墙面，地面满铺规则的小地砖，营造了一个圣洁且静谧的氛围，不免让人沉浸。展示内容与空间场所之间是相互依存的关系，实现人与展品、空间的互动，彰显展示空间的灵动性（见图2-19、图2-20）。

图2-19 通往日本地中美术馆的花园小径
美术馆的花园小径旁，仿照克劳德·莫奈在吉维尼种植的花草，将美术馆中收藏的《睡莲》画作实景再现，游客可在此领略四季植物。

图2-20 日本地中美术馆"克劳德·莫奈"展厅
虽然场馆建于地下，但素白的展厅仅凭自然光照明，投射下的光线从3m多高的天花板边缘倾泻而下，营造了一个圣洁且静谧的氛围。空间的大小、设计风格和材质为了将莫奈的画作与展示空间融为一体而设计，在此陈列了印象派画家克劳德·莫奈晚年创作的《睡莲》系列中的五幅画作。

图2-21 法国卢浮宫阿波罗画廊
这里主要展出法国国王的珍宝和饰品，尤其是天顶与墙面繁复而精美的装饰和诸多绘画杰作，也是凡尔赛宫镜厅的设计原型。

类似这样的艺术空间，如法国卢浮宫、奥赛美术馆等，其建筑自身、室内空间与景观环境亦是美轮美奂的艺术佳品。通常，每种艺术流派都有与之相宜的室内展示空间，展品与展示空间应形成完美的契合。如风格新颖、空间奇异的艺术馆往往用以展示现代艺术；而古朴庄重、典雅清丽的中式风格则多用以陈列中国艺术，如书法、水墨画、家具等（见图2-21～图2-23）。

图2-22 南京明孝陵博物馆

图2-23 非洲当代艺术博物馆
中庭空间连接了画廊空间、屋顶雕塑花园、储藏室、书店、阅览室和餐厅等。

（2）社会历史类博物馆

历史是自然界和人类社会的发展过程，能为我们提供丰富的文化知识和关于未来发展的启迪。历史博物馆设计的根本使命，就是把博物馆蕴涵的潜在精神揭示出来，运用展示艺术的手法，展示藏品内容或再现重要事件及历史人物，解答"发生了什么"这个问题。通常，历史类博物馆包括国家历史、文化历史等。此外，在考古遗址、历史名胜或古战场上修建起来的博物馆也属于这一类（见图2-24）。

历史类博物馆展示设计的重点在于对文化内涵的传达，将展品与展示空间环境共建成一个特征显著又相互统一的整体。其展示形式往往依托历史文物、档案图片、文字说明叙述，配合相关的辅助手段，如模型、沙盘、多媒体视听设备、虚拟场景等再现历史事件，参观者按照设定的参观流线，如身临其境，穿梭于历史长廊，获得相关的信息。

其中，革命纪念性博物馆的数量，占全国博物馆数量的四分之一之多。其设计的核心，在于如何让观众从陈列展览中通过精神层面的体验受到教育，获得启迪，这就需要对展示空间的属性有准确且清晰的表达，能充分诠释展示的主题。在纪念馆设计中常常运用各种陈列形式和媒介来再现历史，如利用多媒体半景画空间场景结合声光电等媒介来还原历史事件，以此传递丰富的解读信息（见图2-25）。

图2-24　德国柏林犹太人博物馆

曲折的"之字形"空间，顶部狭长裂缝投下的光线成了唯一的指引，10000块人脸般的铁皮覆盖地面，在冰冷、压迫的氛围中，让参观者们体验到犹太人大屠杀对犹太文化和柏林城的双面冲击。

图2-25　武汉辛亥革命博物馆

斑驳墙面后的多媒体场景演示以及主题场景雕塑，是纪念馆中的通用手法。

图2-26 上海自然博物馆"生命长河"展区
将显赫一时的过客和现存的生物"明星"汇聚一堂，让观众在此认识迥然不同的生物，感受大自然的伟大。

图2-27 上海自然博物馆"缤纷生命"展区
展现物种的多样性，让观众在此聆听生命的思语，感受生命的脉动。

（3）自然科技类博物馆

自然科技类博物馆记述和展现自然、科学与技术进步的历史。它所涉及的领域十分广泛，包含天体、植物、动物、矿物、自然科学乃至实用科学、技术科学等；且更新速度快，如工业、农业等基础科技和高新科技在每个阶段都有新的面貌，可能几年就会对展示内容有所调整。其展品在尺度上大小各不相同，因而在展馆中应有足够的空间余量。

此类博物馆设计所追求的是观展过程中的愉悦体验，需要结合观众的观展需求和审美情趣，利用现代的展示技术、互动的展示形式和先进的陈列设施来表现科技的进步与发展，通常会结合各种多媒体技术、网络信息技术等高科技手法，让观众获得不同以往的交互式的观展体验。如标本、化石等自然类展品，设计师往往会模拟自然物的生存环境场景，让观众能切身感受到自然的魅力。

由于自然科技类博物馆具有科学性和教育性的双重属性，着眼于观众的体验性与参与性，因此还要针对不同年龄、不同阶层观众的不同需求，将趣味性、知识性融为一体，来进行艺术化的设计和人性化的空间创造（见图2-26～图2-28）。

图2-28 上海自然博物馆"生态万象"展区
两侧有通高的天空半景画，植物假山堆叠，以栩栩如生的动物标本模拟场景，两侧的墙面还会定时投影草原生物的一天，让参观者不禁迷失在非洲草原的壮丽景色中。

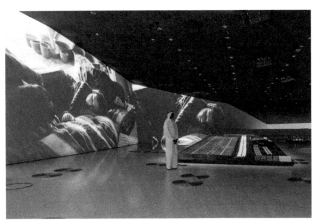

图2-29　卡塔尔国家博物馆
空间内动态的、不规则的墙面成了艺术短片的屏幕，四散陈列的大
型模型，展现了重要的贸易城市——祖巴拉的海岸生活。

（4）综合类博物馆

综合类博物馆是记录一个国家或地区历史文化的重要途径，它综合展示了区域的自然资源、社会历史、文化艺术、科学技术、建设成就、风俗习惯等，是兼具社会科学和自然科学双重性质的博物馆（见图2-29）。

在我国，综合类博物馆一般属于地方志展示场所，通常归为某一地区的历史性展示类型，主要集中在省级、市级、自治区级、区级。因而，此类地方性的博物馆具有很强的综合性和鲜明的区域特色，从外部建筑造型到内部的陈列元素，都要提炼地区文化符号，具有显著的识别性（见图2-30～图2-32）。

图2-30　苏州博物馆
明书斋还原了明代文人墨客的书斋布局，六边形的花窗窥见园林一
隅，家具陈列在空间场景中，营造了独特的文化氛围，呈现了苏州
园林的悠远意蕴。

图2-32　苏州博物馆走廊空间

图2-31　苏州博物馆建筑

图2-33 德国保时捷馆
流线造型的展示空间，营造了契合品牌的动态曲线，让参观者在此以全新的方式解读品牌和历史。

图2-34 德国慕尼黑宝马博物馆
空间运用光与影像赋予建筑墙面动感，墙面还可以进行互动，根据观众的移动产生反应。以三维影像增加空间的延伸感，静态的展车与动态的墙面，赋予空间更深的意味。

图2-35 美国亚马逊公司总部展厅
进入展厅，伴随着大自然的背景音乐，观众可以通过环绕式的高清屏幕欣赏不断变化的植被和树木的全景视频，屏幕墙的外侧用于静态展览、放置模型等，不免让人沉浸其中。

（5）主题性博物馆

随着现代社会的不断发展与进步，博物馆的发展趋于多元化、系统化和个性化。主题性博物馆是现代展示领域的又一发展趋势，其范围极广，但主题明确，几乎所有的"人""物""事"都可以作为其展示主题，其主办方可以是政府、民间团体、商业公司、个人，如专题性博物馆、企业展览馆等，其专业方向性与展示效果皆不容小觑（见图2-33、图2-34）。

企业展览馆一般位于企业总部或工厂的一层，往往采用最新的科技及互动体验类的展示方式，向参观者传达企业的发展历史、现状和未来愿景，彰显杰出的成就。企业展览馆不仅能向客户或观众推广企业的文化与理念，还能用于企业间的合作交流、员工的企业文化培养等。另外，企业展览馆的建设与产品的销售并不脱节，往往可以相互促进，相得益彰（见图2-35、图2-36）。

图2-36 英国伦敦乐家展厅
空间以水的运动为主题，在建筑和内部空间中无不体现了水的流动和汇聚，以混凝土雕刻装饰内部展厅，顶部蜿蜒的灯带将不同区域联系起来，犹如飞船般具有未来感。

2.2 商业空间展示

2.2.1 概念特征

商业空间展示设计指各类商场、商店、超级市场、售货亭等商业销售空间和服务空间环境的展示设计。其根本目的是高效地推广商业信息，更好地展现产品的特性品位，体现商家的企业文化特点，在限定的空间内，以展示商品、展示道具、照片、标识、图表、装饰、多媒体等为信息载体，创造良好的展示环境，通过视觉与心理上的导向，激发顾客的购物意图。

当代商业环境的展示设计，受到社会发展带来的物质与精神的双重推进，得到了前所未有的蓬勃发展。穿梭于毗邻的商业街区与规模宏大、业态丰富的购物中心，已成为人们享受都市闲暇的一种必不可少生活方式。人们不再把购物当成一种简单的消费手段，更多地是为了某种体验，或与商品自身相关，或与空间环境相关。现代的商业空间承载着与人们生活密切相关的商业活动和文化活动，而越来越多的商家致力于为顾客营造一个既能彰显品牌价值，又迎合潮流趋势的体验式空间（见图2-37）。

商业空间的形式繁多，哪怕在同一商场中亦能有不同的设计风格。这就要求设计师首先明确场所性质，调研客群定位，理性地分析客群的消费心理，才能运用因地制宜、以人为本的设计准则，以成熟的设计手法展现空间的特性，通过对空间造型、材质肌理、色彩灯光等环境因素的把控，最终营造一个能与消费者产生情感共鸣的商业展示空间。

图2-37 中国香港K11 MUSEA购物中心
围绕艺术作品构建体验式商业空间。

2.2.2 橱窗展示

橱窗是展示设计中一种最常用的形式，起源于欧洲商业百货早期，是工业时代的产物，其主要目的是向消费者传达商品的信息，达到瞬时性的效果。橱窗设计要充分考虑与空间的关系、立面构图，常借助于背景、道具、照明、色彩等要素，营造主题场景来布置与陈列，将商品的性能、特点、种类直接呈现给消费者，能在瞬时吸引视线，引导潜在消费群体对商品产生购买欲望，诱导消费者进入店铺（见图2-38、图2-39）。

图2-38 爱马仕主题橱窗设计

图2-39 施华洛世奇节日主题橱窗设计

图2-40   北京SKP艺术橱窗
邀请艺术家以商业橱窗为载体呈现艺术作品。

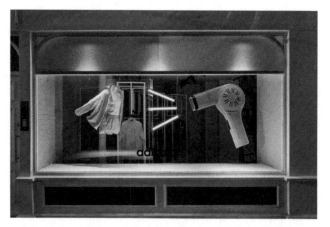

图2-42   阿迪达斯橱窗
选用明媚的黄色，给人以愉悦感。吹风机吹着衣服，配合夸张的霓
虹灯造型，不禁让人联想春天将至的情景。

图2-41   日本东京三宅一生银座表参道店橱窗设计

橱窗设计是购物环境的一部分，是展示商品的窗口，也是城市风貌中最重要的都市景观之一。在市场经济化都市，橱窗也是一种商业竞争。它还是一种文化，商家通过个性化的橱窗展示，吸引消费者，加深品牌形象，起到广告宣传的作用。因而，好的橱窗设计能让顾客感受到强烈的艺术感染力（见图2-40）。

商店的橱窗并没有固定的模式和规格，多取决于空间的格局和布局。橱窗展示常用的陈列类型如下。

① 系列式陈列。将同一系列或类别的商品集中展示在橱窗内，让消费者能系统全面地了解商品，为比对、选择提供了便利（见图2-41）。

② 综合式陈列。将不同类别、不同用途的商品经过设计布局，组团式展示在橱窗内，以取得丰富且多变的效果，在设计上要避免杂乱无章、主次不分，布局应错落有致、疏密相宜。

③ 特写陈列。运用电影特写镜头的处理方式，将品牌的最新产品放大制成模型，或将产品的商标放大布局，使顾客能一眼识别，视觉效果震慑。

④ 场景陈列。将商品按照生活中使用的场景以生活情节或场面布置，这种陈列方式能引导消费者的联想，突显商品特色并提升人们的购买欲。

⑤ 主题陈列。围绕特定主题内容布置橱窗场景，既能烘托商品，又营造吸引人、感染人的情节和意境（见图2-42）。

⑥ 季节陈列。按季节的不同特性和要求，将该季主推的商品以相应主题陈列到橱窗中，通常运用色彩关系和各季节的代表物如树木花草来渲染气氛，以增强对顾客的视觉、心理影响（见图2-43）。

⑦ 节日陈列。节日是令人向往，使人愉悦的，利用节日主题推出的橱窗陈列不仅增加了节日的氛围，也顺

应和满足了人们在节日购物的愉悦感，起到促销商品的目的。如春节的橱窗常以红色为主，使用红灯笼、挂饰等，用戏剧化的情景场面、舞台效果来配合商品的展示形象和意境，为节日创造热闹、欢乐、喜庆的氛围。

2.2.3　商业空间的类别

新兴的商圈与传统的商业街区有着本质的不同，后者大多集中在城市中心的繁华地带，以诸多老字号店铺为龙头，逐渐演变成城市旅游节点。经年累月，随着城市人口的不断扩张，交通建设的迅猛发展，城市格局发生了巨大的变化，重新向外拓展了若干城市副中心。为了满足人们日益增强的消费欲望，各种模式的商业行为层出不穷、品类繁多，商品的集散地围绕城市中心而生。通过政府的宏观规划和合理布局，新建的大型购物中心也日益增多，成为集合各类商品销售的空间与场所。

图2-43　某文具品牌春季主题橱窗

20世纪的商业文化从世界发达国家开始率先形成了新型业态的变革，首先是大型购物中心和自选商场概念的形成。从建筑整体规划入手，造就崭新形象的多功能商业网，其方便顾客的宗旨是传统商业模式所欠缺的，令大众的生活与文化方式得到了拓展和完善。这类新型的商业展示销售空间种类繁多，大致可以分为物中心、超级市场以及专卖店与连锁业。大多数情况下，这几类形式往往共存于大型的复合型公共空间，越来越多的开发商采取这种集合式的运营模式，将一些商业综合体建立在人口密度高的居住区、写字楼办公区域和城市中心，为人们所喜爱。并且，超级市场和专卖店又具有很强的独立性，可以根据周围环境沿街设立，比如以副食和日用百货为主的超级市场多分布于居住区，而专卖店则集中在商业繁华区域（见图2-44）。

（1）购物中心

购物中心（英文为Shopping Centre）在美国又称为Mall。它的空间尺度远比一般百货公司大，有时还会由多组建筑组合而成。当今，购物中心更多以商业综合体的形态出现，往往集商业、餐饮、娱乐、教育、酒店、办公、会展甚至公寓等多种业态为一体，另外还设有配套的银行、邮送等便捷式服务。有些城市中心地区的商业综合体亦成为城市地标和城市符号。这些商业空间不但满足了人们衣食住行的基本需求，也成为品牌产品展示销售的场所。其建筑功能齐全，配套设施完善，是一种全新的综合性、复合型场所。

图2-44　德国格柏（GERBER）购物中心

图2-45　泰国曼谷Siam Discovery商业综合体气泡主题商业空间

图2-46　泰国曼谷Siam Discovery商业综合体框架主题商业空间

图2-47　泰国曼谷Siam Discovery商业综合体
Siam Discovery商业综合体由一个购物中心和一个百货商店组成，中庭空间内由202个内嵌显示屏、数字标识系统和商品陈列台的框架"盒子"组成了一道墙壁，在楼层间延伸，塑造了"生活方式实验室"的主题风格。

随着城市化进程的发展，购物中心通常建在城市交通网络节点上，可方便连接地铁、火车站、机场等人流密集区域，或毗邻人口密集的居住社区。随着家庭轿车的拥有数量逐年上升，还需要具备足够数量的停车空间，满足各种出行方式。人们漫步在综合性的购物中心内，不仅可以愉快地购物、品尝各种美食佳肴，还能在共享中庭和屋顶花园中享受空间环境，甚至沐浴阳光，参加定期的主题活动或是商业推广等。购物中心为人们的物质生活提供了丰富的商品，带来了极大的便利，亦逐步改变了都市人的生活模式（见图2-45～图2-47）。

购物中心的开发商一般不直接销售运营，而是通过招商引资来吸引各类品牌商家入驻。通过统一管理模式，依据一定的规则进行销售展示。购物中心的展示环境设计，可分为两种形式。

一种是为整体营运所进行的设计工作，称为一次设计，着重空间整体的环境效果，空间组织布局与内部陈设风格特色，各空间之间的连贯与过渡区域设计，通常为购物中心内部的公共空间设计。购物中心内部公共空间设计多采用淡雅典洁的色调和风格统一的材质，装饰风格力求高雅大气，共享中庭和环廊部分常有独特装饰表现。

另一种是为小业主提供的分区设计，称为二次设计，也是各个商铺相互争艳的焦点。这些零售空间在设计范围内，不仅要展示重点宣传的商品，还要频繁更新展示形象，也应兼顾与公共空间的相互融合。

图2-48　上海K11购物艺术中心"印象派大师·莫奈特展"
展出了40幅巴黎马摩丹莫奈美术馆（Marmottan Monet Museum）馆藏的莫奈作品，以及10余幅其他印象派大师的作品，构建了一个良好的艺术文化交流平台。

图2-49　上海K11购物艺术中心
K11购物艺术中心把美术馆搬入购物中心，融合了商业与艺术的新业态，商场中庭定期举办各种展览及商业活动，不仅随处可见当代艺术品，还有整层的公共艺术空间，亦带动了整体的商业效应。

图2-50　某自选超市
黑色的空间内点缀着高纯度的跳动色彩。

随着生活节奏的加快，人们购物有了更明确的针对性。购物中心一般会根据商品类别来规划楼层，方便人们选购各品牌的同类商品，以此提升商业活动的效率。

近年来，一些购物中心针对年轻的潮流人群，更将风格化与主题性融入其商业环境，定位于艺术型商业空间、特设空间，专门用于主题及艺术类展览活动。如上海K11购物中心，开发商创造了一种博物馆零售的新商业模式，在不到40000m²的购物中心内，在地下3层专门开辟了一个3000m²的公共艺术空间，用于举办艺术特展及讲座。此外，还在商场内部的公共空间，将十余件艺术品陈列在不同的空间节点，试图在空间组合上营造出与众不同的艺术氛围（见图2-48、图2-49）。

（2）超市卖场和自选商店

超市卖场（英文为Supermarket）起源于20世纪70年代初的美国。当时计算机信息化管理系统的普及大大降低了商品流通的成本，而导购人员的减少也降低了用人成本；随之，柜台式展示售卖发展成围合空间内的开架式自选，无形中增加了对顾客的信任度和亲和力，让顾客在自由轻松的环境中进行商品的选购，从而在引导作用下扩大商业机能。

这种机能的变革，令商业空间的功能布局进化得更条理化、科学化。集中式收银台通常设在出入口处，无形中扩展了售卖的空间，使商品的分类摆放更为合理。在一些大型的超级市场，除了合理划分前区的售卖空间，后区的加工区域也占着相当大的比例。

如今，一些购物中心的地下层存在多元化的业态特点，将餐饮、主题街区、超级市场等融合，为顾客和商务楼宇的办公人群提供一站式的购物休闲体验（见图2-50）。

图2-51　宜家家居展厅
通常在郊区建立超大自选商场，在展厅内提供多种风格的样板间和齐全的家具品类和日用杂货，采用完全自主的商场与仓库供顾客自行比对、选配。

图2-52　中国澳门苹果专卖店
商业空间犹如一个发光的立方体，玻璃和薄石板创造了半透明的肌理效果。中庭的竹林穿透空间，顶部天窗光线倾下，构建了一个令人沉静的空间。

图2-53　韩国首尔雪花秀旗舰店
黄铜网格结构将各个空间串联，引导顾客探索店铺的每个角落。

自选商场是商业发展的又一模式。经过多年的商业运转、不断更新，超级市场从大规模的商业经营分解为灵活方便的小规模经营，分布于居住区和各类生活区，甚至酒店、度假区等。这种便捷的购物方式为人们日常生活提供了极大的方便，日渐形成了连锁品牌经营的自选商店等。如生活用品的便利商铺，基本涵盖人们日常生活中常见的食品和日用物品，有的甚至24h营业。现代的居民区周边一般会配套此类的设施，如7-11便利店、全家便利店等。还有一些仓储式的自选商场，如宜家家居等（见图2-51）。

（3）专卖店

专卖店的形象设计主要由品牌标识、门面造型、品牌形象展示墙、店面装饰、陈列道具等组成。不同的商品，展示方式、陈设高度、展示位置各不相同，应因物而异。其陈设手法大致可分为地面陈设、高台陈设、墙面陈设、吊挂式陈设等。

连锁专卖店无论位于任何地方，大小不同或造型各异，商家都更注重树立品牌形象、针对消费客群的定位宣传。其导视系统大多保持一致，能被消费者快速识别，设计师开始为品牌设计独具特色且统一的店面形象与装饰风格，以表达鲜明的企业文化，采用统一的销售模式取代了以往随意松散的形式（见图2-52、图2-53）。

品牌的商品往往是系列销售。如品牌服装店，还会搭配系列的配饰，如鞋帽、饰品、箱包等。因而展示空间内应该分区错落，有致摆放，以便突出主体展示，作为品牌宣传的重点（见图2-54、图2-55）。

除此之外，旗舰店、品牌联名、快闪店等全新的消费观念也被潮流人群追捧。业态的更新和融合成为一些店铺的发展趋势，以迎合他们的消费习惯与猎奇心理。除了传统的商品展示之外，餐饮、会员活动等复合型功能被融入其中，成为又一种共享空间。例如文创家具品牌吱音的上海旗舰店，在500m²的空间内，家具产品联合图书阅读、咖啡轻食和loft的空间实践，构成了"吱音生活馆"。展示空间内，运用不同的主题场景将空间内的体验串联在一起，以幻想实验室的构想，将顾客引入一个充满想象力的妙趣空间（见图2-56、图2-57）。

图2-54　耐克上海001概念旗舰店
B1层超大型的LED互动屏跨越四层楼，穿插至整个中庭，既宣传试穿新品，又是运动体验的"核心中场"，营造了沉浸式、数字化的体验空间。

图2-56　吱音生活馆家具上海旗舰店1
粉红框架模拟地铁车厢，作为进入展馆的第一站，带领顾客进入一个梦幻的奇趣空间。

图2-55　耐克上海001概念旗舰店鞋类展示区
以白色为基调，框架的展墙覆盖整个空间，如艺术品一般摆放。顶部大型传送装置输送着各类跑鞋在空间内蜿蜒，动感与科技感相互契合。

图2-57　吱音生活馆家具上海旗舰店2
融合了图书馆、咖啡馆和loft空间，在折叠的立体场景之间切换空间，家具以艺术展览的形式被陈列，构建了丰富、多元化的复合型体验空间。

图2-58 英国伦敦路易·威登快闪店
伦敦塞尔福里奇百货商店，路易·威登和日本艺术家草间弥生合作
的概念店，以红色波点和镂空波点框架组成造型空间。

小贴士

　　快闪空间通常设在商业繁华的街区或商场
内，形式多样且灵活，可以是临时搭建的空间、
集装箱或移动的货车等。其展期有限时性的特
点，短则1天至1周，长则几个月。快闪空间并
不以销售为主要目的，而是通过空间体验为人们
提供乐趣，做营销推广，在短期内聚集人气，制
造热点话题。常见的形式有快闪店，快闪咖啡店
或快闪展等（见图2-58～图2-61）。

图2-59 韩国首尔阿迪达斯NMD快闪展
展区中心八边形结构内设置了360°虚拟现实体验区，为观众提供了
身临其境的体验。

图2-60 日本京都爱马仕限定店内的榫卯构架
榫卯木质构件被广泛运用在空间内，典雅而含蓄，
既可用来展示丝巾，亦体现了日本传统文化。此
外，作为临时性空间，榫卯结构便于拆卸和重组造
型，灵活多变。

图2-61 日本京都爱马仕限定店的入口空间
以丝巾为主题的限定店，店内有三台洗衣机，可以提供清洗、上色、烘干丝巾服务。二层还
设有展览空间。

图2-62　卡塔尔国家博物馆商店
洞穴之光是卡塔尔著名的地下保护区，由纤维状的石膏晶体构成。
卡塔尔国家博物馆商店空间内波动的木墙灵感源自于此，通过电脑
绘制切割的4万块木板整合了空间，表达了人与自然共生的愿望。

图2-63　英国V&A博物馆商店
空间以"机器工艺美学"定位，使用各种数字制作技术构建而成，
包括3D印刷陶瓷、激光切割、CNC布线和喷水切割等。展示空间内的
货架将木板与切割的玻璃翼片结合在一起，使之如同悬浮于空中一
般轻盈。

图2-64　美国丹佛艺术博物馆商店
位于入口处的开放空间，吸引人们进入内部，不规则的展柜与倾斜
的墙面构成了一种呼应。

小贴士

　　博物馆商店不仅是单纯的商业空间，亦是拓
展沉浸式文化体验的一种延续，成了博物馆文化
传播不可或缺的一种新兴模式。

　　通常，顾客可以在这里购买展品衍生的文
创产品和专业书籍，越来越多的博物馆也开始开
设线上商店，以此扩大影响力（见图2-62~图
2-65）。

图2-65　日本京都MoMA设计商店
这是美国纽约当代博物馆商店在京都开设的独立商店。商品内容包
括文具、家居、摆设、玩具和图书等，其经营所得被用于博物馆的
后续营运、举办展览、教育项目以及藏品维护等。

2.3 专题空间展示

2.3.1 概念特征

随着社会经济和文化的飞速发展，在博物馆展陈和商业空间展示之外，还有一种专题展览活动——展览展示在如火如荼地开展。展览展示，英文有exhibition、exposition、fair、show等说法，包含各种商贸易性和文化性的展览，如博览会、展销会、交易会、展览等，是现代社会最为常见的经济和文化活动。此类展示活动具有空间展示的特征和形式，但有时可能超出传统的展示设计的概念，进入了大展示、大空间、大传播的范围和领域。它们往往具有很明显的时间性和季节性，在内容、周期、形式和规模上有很大的灵活性和差异性，但在展示空间的设计方法上却存在着共性。

当下社会，随着对精神物质生活追求的提高，人们日益重视在文化、科技、工业、农业等方面进行更深入的交流，由此带动了专题展示行业的蓬勃发展。各类博览会、展览会、展示会等，都要求在设计上具有强烈的形式感，能烘托出活跃、热情的气氛，追求强烈的视觉张力，使人印象深刻，并在布展条件上有较大的灵活性。此外，还要保证能在短时间内，接纳较多的参观者，并保证他们的安全与便利。

而且，从城市的总体发展上看，承办展览的数量和规模在某种程度上可以说是衡量城市国际化程度的重要标志。据联合国的统计，全世界每年的大型展会不少于15万个，如法国巴黎在2018年举办的国际性会展、沙龙和交易会达200多个，享有"国际会议之都"的美誉，展会使法国的贸易、商业及旅游业获得受益。德国汉诺威通过举办世界博览会，也提升了德国的国际形象。1999年，昆明举办世界园艺博览会，投资了216亿多元建成了218公顷的场馆设施，使昆明的城市建设至少加快了10年。而2010年上海世界博览会的成功举办，不仅让世界更充分地了解了中国和上海的巨大变化，加速了中国经济的市场化和开放化，也创造了巨大的后续效应（见图2-66～图2-68）。

图2-66 2018年国际消费电子展英特尔展台
英特尔5G互联隧道为观众营造了一种互动式体验，分享有关未来互联网技术的沉浸式故事。

图2-67 2018年法国巴黎时尚家居设计展
与巴黎设计周同期举办的家居设计展，吸引了来自世界各地的专业观众。

图2-68 2013年瑞典斯德哥尔摩家具展
条状的窗帘材料从顶面悬挂而下，访客可以近距离地接触，更仔细地了解并选择。设计构想源自在森林氛围中重现野餐的场景，布条如同垂柳，形成一个开放展厅中的半私密空间。

2.3.2　专题展示的类别

专题展示是主办方在某一主题下，为了推广某种理念、宣传某个形象或某类商品而举办的展示活动，它所涵盖的内容包罗万象、千变万化，根据展示形式的不同，大致可分为以下几类。

（1）实物类展示

实物类展示是在特定时间将供求双方结合在一起，为了推介某种产品而进行的一种宣传活动，是专题展示中最常见的一种展览形态。实物类展示有明确的商业目的，主办方多为商业团体或行业协会，通常会将商业效益作为展会成功与否的标志。其利益主体包括主办方、承办方、参展商、专业观众等，展示周期常为定期或不定期，有时也会季节性的举办，展会的内容除了主要的实物展示之外，还涵盖参展商和专业观众之间的信息交易与商贸洽谈。例如每年一届的"中国国际进口博览会"就是专题性实物类展示的范例。

实物类的商业展会既包括了广义展示的基本内涵特征，如展示的目的、场所，展品的陈列、参观、信息传播等，也具有自身的商业特性，如营销手段、品牌宣传与推广、时间性与效益性、受众的消费心理等。

现代展会在推广产品的同时，更注重提升品牌效益，获得公众的参与与关注，除了利用丰富的展台造型和前沿的技术手段，还为观众提供各种方式的体验与操作平台。例如，对汽车行业而言，最直接表达品牌形象的方式即各大车展，这更像是一场展示工业科技新技术的秀场。参展商不再满足于传统的展台搭建形式，极具张力的展台造型、演唱会式的翻转展台、大规模可变式灯光系统、巨幕环绕的高精度LED投影系统等层出不穷。让观众能够近距离地接触产品，获得更震撼的现场感受，亦宣扬了企业文化（见图2-69、图2-70）。

图2-69　2015年德国法兰克福国际汽车展奔驰汽车展台
灵活的舞台上，LED屏幕后别有洞天，一扇扇旋转打开后，三层的组合式汽车展台令人惊叹。

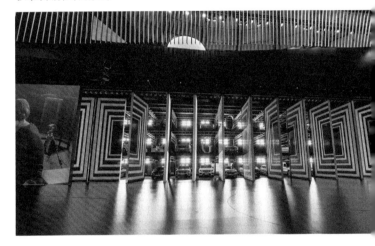

图2-70　2017年德国法兰克福国际汽车展奔驰汽车展台
开放的三层空间以及中庭内竖向的LED屏幕为观众提供了更为自由的观赏途径，数字技术和虚拟世界相互融合，旨在为观众营造一种全新的体验与交互。

图2-71 长春规划展览馆

（2）图文类展示

图文类展示的目的为推广某种理念或宣传某个形象，通常由政府机构或文化组织在指定地区开展，以加深当地民众对其的印象。其展示内容一般由大量图片资料和文字说明构成，具有浓郁的人文气息，起到一定的文化宣传作用。科技的进步，现代声、光、电技术的成熟应用，网络及多媒体技术的渗透，使以文字和图片为主的展示形式更趋于动感，信息内容被延展，使观展体验变得生动且丰富。如规划馆的展示设计，在总体原则上要表达科技感与互动性，越来越多的交互体验式项目被结合到展项中，使观众在此能享受到一段特殊的时光之旅，显得妙趣横生。

图文类展示主要通过画面的有序组合表达意义，所以对字体及色彩的应用尤为关注。其内容往往与历史发展、事件事物的时间概念有关，在展示流线上通常会按

图2-72 2018年意大利威尼斯建筑双年展中国馆
以"我们的乡村"为主题，以回收的木板建造的瞭望塔。

照一定的时间顺序循序递进；或遵循主线，分述若干支线，在整体中贯穿一个主题。其展区的图文版面大多会做系统的模式设计，不同展区内同一等级的标题、文字格式一致，让观众能够快速地分辨展区空间，梳理展示信息（见图2-71～图2-73）。

图2-73 2017年中国香港展城馆"印象香港"展
为庆祝香港特别行政区成立20周年，展览从不同的艺术运动中汲取灵感，以数字艺术、互动展项、光影和创新材料来展示香港的城市规划和基础设施建设。空间黑镜玻璃的反光与白色的灯带互构延续了空间，使整个展览的变得多元，以新角度展现未来的城市环境。

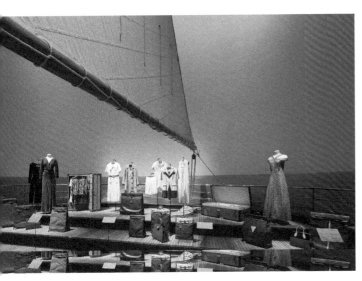

图2-74　路易·威登"飞行 航行 旅行"巡展纽约展
以旅行为主题的展厅，配合箱包和服饰展品模拟相配的场景环境。
广阔的海洋、桅杆扬帆，仿佛已置身于一场旅行之中。

图2-75　伟大的变革——庆祝改革开放40周年大型展览
双面曲屏围合出33m长的影像长廊，在光影交错的炫动空间，如梦
如幻。

（3）综合类展示

综合类展示是当下最常见的展览设计形式，融合了实物、图片的展示类型，也渗入了音乐、表演等展示行为，为展示活动赋予了更丰富的文化内涵，表现手法也各具特色，更为注重观众的体验感。

国内风行的各类成就展、成果展就是综合类展示的代表。其中由政府主办的一些国家级展览和世界博览会更是融合了展示设计的各种表现手段和前沿技术支持。后者更是一场展示盛会的大荟萃和大综合，是其中的杰出典范，在一场场文化盛宴之中，各种新技术、新创造、新理念充分展示，也构建了多元文化交流的平台（见图2-74～图2-76）。

2.4　世界博览会

2.4.1　概念特征

博览会是国家形象与行业形象的集中表现，推动着人类社会与科技的发展，密切联系着国家和地区的经济发展。它既具备相当的艺术观赏性和教育性，又兼具引领科技与文化的前沿性。博览会源于法语exposition一词，代表此类大型活动的概念。18世纪末，法国政府首次举办了以展示和宣传国家工业实力为目的的博览会，此类博览会不做商业贸易用途，主要是为了宣传，故而被赋予了"宣传性质的博览会"的含义。

1851年，由维多利亚女王通过外交手段邀请各国参加的、在英国伦敦举办的第一个真正意义上的世界博览会，拉开了现代世界性博览会的序幕。最初以展示艺术品和传统工艺品为主，后来逐渐演变为以促进世界性经济贸易和文化科学的交流为宗旨的大型展示活动，成为培养产业人才和对普通市民进行启蒙教育的不可多得的场所。世界博览会的会场不但展示了各国最先进的技术和成果、带来了最新的理念，并且伴随精彩绝伦的表演、富有魅力的景观与空间环境，人们在其中感受到特别的节日气氛，在娱乐中获得信息。因此，也被誉为世界经济、科技、文化的"奥林匹克"盛会，是人类文明发展的重要助推器。

图2-76　2017年哈萨克斯坦阿斯塔纳世博会
主题："未来能源"，主展馆为世界上最大的球体，在世博会结束后，将改建为未来能源博物馆。

2.4.2　世界博览会的管理机构和类别

（1）世界博览会的管理机构

早期的世界博览会（以下简称世博会），缺乏规范、举办频繁、管理混乱。1928年，国际展览局（简称BIE）在巴黎成立，制定了世博会管理章程，即《国际展览公约》，1931年开始正式运行。在当时，公约适用于政府举办的所有国际展览，除以下情况之外：展期不足三周的展览、美术展览、本质为商业性质的展览。公约还确定了不同类型的世博会举办的频率，为主办国和参展国设定了监督制度，以此加强对大型博览会的管理。

20世纪60年代，国际展览局首次使用"Expo"作为国际性大型博览会的通用缩略词。世博会一般是通过正式外交途径邀请其他国家参展，并通过国际展览局批准的大型博览会。其作为一场全球性的大型盛会和展示活动，以促进经济贸易和文化科学的交流为宗旨，需要投入大量的资金、人力和物力的支持，往往会对举办城市乃至举办国的总体规划、经济格局产生深远的影响，所以各国政府都对此极为重视，通常是由主办国政府或委托有关部门举办的。

（2）世博会的类别

根据展示内容对世博会进行分类。世博会的类别经历了三次更正。

1928年，《国际展览公约》最初指的是一般博览会和特殊博览会（1935年～1970年）。

1972年，《国际展览公约》修订，沿用当前的分类法将世博会按照性质、规模和展期分为综合类和专业类两种。综合类世博会展示了人类在数个领域奋斗的过程、使用的理念和方法，以及取得的成就。专业类世博会则致力于展示人类在某一领域取得的成果（1992年～2000年）。

1988年，《国际展览公约》再次修订，世博会被重新划分为注册类世博会和认可类世博会，规定自1995年1月起两个注册类世博会之间必须间隔5年，但在此期间，可以举办一次认可类世博会（2005年至今）。注册类世博会即原综合类世博会，其展示主题广泛，主要为国家的科技与文化成就，展期长达6个月，通常由举办国提供场地，参展国出资建造独立的国家展馆。而认可类世博会在规模和展期上都要小得多，为期3个月。此类世博会主题必须是特定的、独特的，参展国的场馆由举办国筹建。

同时，认定A1级别的世界园艺博览会，以及每3年举办一届的米兰三年展归入认可类世博会（见表2-1、图2-77～图2-79）。

小贴士

世界园艺博览会是通过国际园艺协会（AIPH）检验和认可，举办国政府向国际展览局（BIE）提交申请并认定的A1级园艺博览会。频率为在两次世博会之间，每届园艺博览会之间至少间隔两年。

图2-77　2019年北京世界园艺博览会灯光秀

图2-78　2016年意大利米兰三年展
主题："设计之后的设计"，长方体发光的图文展台与顶面的圆弧形成了有趣的对比。

表2-1　世博会概况

名称	世博会	专业类世博会	世界园艺博览会	米兰三年展
类别	注册类①	认可类①	认可类（A1级）	认可类
举办频率	每5年	在每两届世博会之间	在两次世界博览会之间，每届园艺博览会之间至少间隔两年	每3年
展期	6个月	3个月	6个月	6个月
官方参展者	国家和国际组织	国家和国际组织	国家和国际组织	国家、城市、地区、大学、企业、设计中心、美术协会、博物馆，非营利个体以及年轻的设计师团队
非官方参展者	城市、地区、企业、民间团体和非政府组织	城市、地区、企业、民间团体和非政府组织	城市、地区、企业、民间团体和非政府组织	
主题	时代的共同焦点	必须是特定的、独特的，关系国际利益的确切主题		反映现代的问题，促进当代跨学科视角下的实验和辩论，将艺术、行为学和科学研究联系起来
建造	无偿提供场地，独立场馆由参展国出资自建	参展国自行设计主办方提供的空间		
场地	规模不限	不超过250000m²，最大国家馆不大于1000m²	规模不限	米兰艺术宫
历史	始于1851年	始于1936年	始于1960年	始于1933年

① 最初，1928年版《巴黎公约》指的是一般展览和特殊展览；1972年修正为综合类世博会和专业类世博会；1988年再次修正，正式命名为注册类世博会和认可类世博会。

图2-79　2019年意大利米兰三年展
主题：“破碎的自然：设计承载着人类的生存”。

小贴士

　　米兰三年展又称米兰装饰艺术和现代建设展览会，由三年展机构组织，国际展览局（BIE）认定，创立于1933年，每三年举办一届，是欧洲首次专门以展示装饰应用艺术、建筑和城市结构设计为内容的展览活动，现已成为影响意大利乃至全球的设计界博览会。通常主展馆设在米兰三年展设计博物馆，并在森皮奥内公园内及其他区域设临时分展馆。

自第一届世博会成功举办后，巴黎、维也纳、芝加哥、布鲁塞尔等城市也纷纷举办了令人难忘的展览。这些博览会与工业革命有着内在的联系，综合展示了各国的文化、建筑、科学等实例，为人们展示了电话、打字机、电梯等发明，专门建造了埃菲尔铁塔、自由女神像等前沿的建筑技术。随着国际组织对社会和经济不平等现象的日益关注以及环境意识的觉醒，仅仅展示工业进步是远远不够的，世博会成为教育和展示发展方向的独特平台。1972年，BIE将教育定为世博会的主要目标。此后，在1994年，BIE颁布决议，规定世博会必须解决当今时代的焦点问题，并应以环境保护、可持续发展作为其主要目标。全球性的热点问题——人类文明与经济的发展、人类环境的可持续发展、人与自然的和谐共生、全球城市化进程带来的问题、气候变化对人类的影响等诸多与人类生存利益切身相关的议点，成了各国研讨的焦点。

2010年，上海成功举办世博会，以"城市，让生活更美好"（Better City，Better Life）为主题，这是近几届规模最大的一次展示盛会，它不仅展示了中国在科技、文化、产业等方面的重大成果，提升了中国的国际形象，而且促进了上海乃至整个中国经济的发展，也为中国展示行业的飞速发展创造了良好的契机。在这场盛会中，参展方在宣传国家或企业的形象的同时，纷纷展现了前沿的创意理念和展示技术，结合各自的文化特征，融入对城市未来发展的畅想，利用艺术化的声、光、电等多媒体手段，打造了一个个风格独特、炫目至极的展示空间环境，为参观者带来了沉浸式的感官体验。

思考与延伸

1. 展示空间可分为几大类别？简述各种展示空间具体的类别及其特征、概况。
2. 博物馆的设计要素有哪些？
3. 简述当代商业空间的新形式及其特点与发展趋势。
4. 世博会的管理机构及其职能是什么？它的章程是什么？世博会的类别有哪些？

第 3 章 展示活动的发展历程

每一门学科都要经过漫长的历史发展而逐渐演变，虽然现代展示设计的理念形成于20世纪末，但展示意识和展示行为早就与人类活动并存，并伴随着人类文明的发展历程，即有人类存在的地方就有展示行为的存在。从展示的功能性来分析，展示行为的起源不外乎原始的宗教、祭祀活动和商业活动。

3.1 展示的起源

3.1.1 宗教与祭祀活动

早在远古时期，图腾崇拜、树碑立柱、祭祀鬼神等活动，就体现了展示最原始的表达方式和组成元素。原始人在很大程度上依赖自然，他们将展示的功能运用在身体上，在脸上、身上描绘图形，以增加勇气，寄托狩猎成功的愿望。基于同样目的，他们在族居之处，将战利品高挂于四周，成了实物展示的雏形（见图3-1）。

封建社会时期，统治阶级和民间的宗教盛行，使得庙宇、神殿、教堂建造和石窟造像等高速发展。如今，一个保存完整的宗教场所甚至可以看作是一个完整的宗教或艺术品博物馆，可以反映出宗教历史及宗教艺术的发展过程（见图3-2）。

3.1.2 商业活动

另一方面，商业活动主要体现在集市贸易和店铺行会等方面。随着封建社会农业生产的富足，人们对物质产生了交换的需求，促进了制作业、纺织业、酿酒业等行业的建立。在交换过程中，物品展示成了物品交换的必不可少的环节。为了促成交换行为，人们有意识地对物品进行分类陈列和宣传，促成了最初的商业环境——集市。在集市贸易上，售卖者汇集于一定的场所，将商品直接铺陈在地上展示，供人选择，后来专门为展示制作了一定的道具（如摊床等）来更好地陈列商品，可以认为是最原始的商品交易会的雏形。

据史料记载，中国商周时代就有专门从事商业活动的商人；春秋战国时代，形成洛阳、邯郸等商业都市，出现富甲一方的大商贾。为了促销商品，商人在店铺、行会组织门前摆放商品或悬挂旗帜，兼顾了展示商品和广告促销的模式。《晏子春秋》中记载："犹悬牛首于

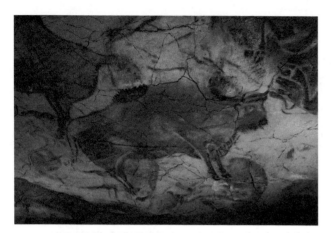

图3-1　旧石器时代后期西班牙阿尔塔米拉洞窟岩画　　　　　　图3-2　河南洛阳龙门石窟

图3-3　北宋张择端《清明上河图》（局部）
形象描绘了北宋年间东京汴梁商业繁华、店铺林立的情形。

门，而买马肉于内也。"可知当时卖牛肉的店铺，会在店门挂一个牛头，作为广告；如果挂牛头卖马肉，则会被人视为欺诈。我国四川出土的东汉画像砖，就描绘了当时店铺主人通过实物陈列和口头叫卖的方式来吸引顾客的场景。宋代张择端的《清明上河图》，亦为我们再现了北宋年间东京汴梁商业繁华、店铺林立的市井气息。发达的商品经济与激烈的市场竞争，促使宋朝的商铺普遍具有广告意识，大致可分为两类：一类是以个人姓名命名的店铺招牌，另一类是所售商品或服务的招牌广告。由此可见，北宋年间京城内已经形成了各种商业模式并存、相得益彰的景象（见图3-3、图3-4）。

图3-4　北宋"济南刘家功夫针铺"广告
青铜版和拓片被认为是世界上最早出现的商标广告。

而在欧洲，一些商业经济和商业文明发达国家，如古希腊等，类似的商业性展示都与早期活跃的商业贸易活动同时出现。在中世纪的绘画作品中，可以看到店铺陈列和店面招牌的雏形，其宣传方式逐渐发展为以商品实物或相关材料做成的商品模型，放置在店铺门前，招揽顾客。

中世纪时期，展销以特许集市的方式出现，通常是每年季节性地在宗教节日举行。法兰克福作为欧洲大陆的重要枢纽和商贸汇集之地，成为欧洲第一个每年举行交易会的城市（见图3-5、图3-6）。

至文艺复兴时期，世界各大洲的经济、文化交流开始频繁，展销会形成了跨地区、跨国界的趋势。

图3-5　16世纪时期欧洲小镇的节日集市
小勃鲁盖尔，《集市里的戏剧表演》。

3.1.3　收藏活动

随着人类文明程度的提高，收藏活动趋于丰富，寺院神庙成为收藏和展示瑰宝的场所。追溯到奴隶社会时期，就出现过繁荣的阶段，古埃及、古希腊、古罗马都出现了类似小型博物馆的收藏室和陈列馆。在古希腊，相当一部分的艺术品源自人们向神庙谢恩的奉献物。公元前5世纪，奥林匹斯神殿内就有一个收藏各类战利品和艺术品的"宝库"（Treasure），被西方视为博物馆的雏形。

公元前284年，托勒密王朝在埃及亚历山大里亚创建了当时最大的学术和艺术中心——亚历山大博学园，包括图书馆、研究室以及专门用于收藏珍品的缪斯神庙等。神庙在后世被称为亚历山大博物馆，设有专门的大厅、研究室陈列有关天文学、医学和文化艺术的珍品，被认为是西方最早的博物馆。

公元前1世纪，罗马人征服了希腊，也延续了希腊的文化成果。罗马帝国把数以千计的铜像、大理石雕像运回罗马城，建造神庙，将战利品陈设在其中。当时的罗

图3-6　毗邻教堂的商业街
约翰·斯嘉丽·戴维斯，《从莱明斯特2号大街展望教堂街》。

图3-7 米开朗基罗的大卫雕像落成后，被搬运至韦奇奥宫大门的
左侧。

图3-8 英国汉普顿宫内的油画藏品

马，收藏文化盛行，这些珍品古玩和书籍为地主贵族所喜爱，他们亦担负起管理和保护藏品的责任。

中世纪时期，贵族阶层为了炫耀财富和欣赏艺术，热衷于收藏奇珍异宝，往往将收藏的艺术品和文物集中陈设，由此产生了以家庭或家族为主的模式，一些主题性的文化展示逐步形成。公元5世纪，当时的波斯国王意图以陈列财物来炫耀国家的财力和物力，以期威慑邻国，波斯举办了超越集市功能的展览会。展览会从最初对财富的炫耀，发展到定期的、有固定的场所、以物品交换为目的形式，一定程度上引发了后来的展览会、大型博览会的形式。

欧洲文艺复兴时期，随着自然科学、考古学及航海事业的发展，收藏品的种类及范围被大大扩展了，收藏陈列也从家庭走向了社会。一些私人收藏开始向公众开放，而贵族阶层的收藏家常以"赞助人"的身份成为艺术品或其他藏品的收藏出资人（见图3-7、图3-8）。

3.2 近现代时期的展示设计

近代资本主义时期，经济进一步繁荣。特别是第二次世界大战后，科学技术促使制造业发展迅猛，工业化的产品制造日趋多元化，各种展示活动也随之丰富，展示设计行业获得了最佳的发展契机。在文化方面，主要体现为各类博物馆的建设和文化主题性展览活动；在经济方面，主要体现为世界博览会的产生与发展，商业空间的营销活动和包括商品包装在内的视觉传达系统设计的产生与应用。

近代中国，随着民族工商业的发展和资本主义商品的输入，陆续出现了一些新的商业形式，各种广告与宣传的方式络绎不绝，路牌广告、霓虹灯广告、街车广告、报纸杂志广告以及印刷品（如样本卡、带年画日历的月份牌等）广告相继在上海、天津等大城市出现，专门的广告公司应运而生（见图3-9）。清末民初，中国第一个私人博物馆南通博物苑成立。1905年，在南京举办了第一届博览会。1919年，故宫博物院向公众开放。此后，一些国家级和省级博物馆、展览馆陆续成立。

世界范围内，展示空间设计的发展变迁大致如下。

图3-9 近代中国的广告形式

3.2.1　商业展示

　　19世纪中期，随着工业革命的蓬勃发展，产品的种类和数量发生了质的飞跃，为了尽快将商品出售给消费者，商品的包装和商品销售的场所被赋予了新的理念，产生了宣传和美化的效应，但是由于当时艺术家、手工艺者与机器之间的美学冲突，大部分商业店铺还是处在简单的室内设计和陈列阶段。直到20世纪20年代后，大工业的生产方式，促进了现代设计理念和设计实践的发展。但是现代主义模式化的风格以及第二次世界大战（以下简称二战）期间物资的匮乏，制约了商业展示的发展（见图3-10）。

　　二战后，随着经济的恢复，商品的销售方式发生了巨大的变革，各种商业空间由此产生，西方相继出现百货公司、开架式自助商店等，顾客可以随意进入店内陈列空间选购商品。至20世纪50～60年代，发展出连锁商店、超级市场，70年代，郊区的大型购物中心兴盛起来。大型购物中心集购物、休闲、餐饮、娱乐等多种业态于一体，注重广告（POP）与陈列艺术的有机结合，使商业展示进入了现代化的阶段。人们喜好在宜人的、形式多样、品类繁多的商业环境中购物。此时，传统单

一的模式不再能满足市场的需求，材料、设计手法、经营理念等方面的革新，使更多的人文情怀的、多元化的商业空间丰富了丰富了人们的生活（见图3-11）。

　　随着互联网购物模式的兴起，如今的商业空间不再是单纯的购物场所，其共享、娱乐、交流等方面的功能被拓展，丰富的娱乐休闲、艺术体验，甚至多样的媒介也被融入其中，越来越趋向体验式空间、复合型形态等新模式，越来越多的新型商业空间增加了艺术业态，商业与艺术的跨界融合成为了当下的潮流，试图打破商业空间"同质化"的单一局面。

图3-11　美国南谷购物中心（建于1956年）
购物中心内设有中庭、喷泉、拱形走廊、休息空间等，集零售商店、餐饮店、电影院、小型动物园、银行、邮局等为一体，主导了20世纪60～70年代美国郊区购物中心的发展模式。

图3-10　位于英国伦敦牛津街的伦敦塞尔福里奇百货公司（建于1909年）
1935年，庆祝乔治五世登基25周年银禧布置的庆典装饰，巨大的橱窗和醒目的广告吸引着大量的顾客。

图3-12　成立之初的英国大英博物馆埃及展厅

图3-13　法国国家自然历史博物馆

图3-14　英国牛津大学自然史博物馆采用标准化设计的陈列柜

3.2.2　博物馆

随着西方对自然科学研究的深入，物种分类科学的完善，18世纪后博物馆被定义为从事保护和陈列社会藏品的文化事业机构。欧洲各国先后出现了自然、地志和人文类的综合性博物馆，以展示科学的发现和文化的成就，如大英博物馆就是这一时期的产物（见图3-12）。

18世纪后半叶，西方大多博物馆完成了将陈列从收藏环境中分化出来的过程，新建的博物馆开始有了专门陈列的展厅，具有现代意义的西方博物馆事业得到迅速发展。但这一时期的展示陈列并不重视学科分类，主要表现藏品的丰富，因此实物标本庞杂罗列，陈列密度极高，除了藏品标签外，少有其他辅助说明。

19世纪后，欧洲开始出现专业类博物馆。一批拥有丰富藏品的自然科学博物馆，凭借实物、资料等收藏和积累，率先成为开展科学研究的地方，于是博物馆拓展出学术研究的新功能。同时，由于博物馆在某一领域中的权威性和专业性，对公众可起到普及科学和启蒙教育的作用，因而又被赋予了社会教育的功能。另一方面，拥有大量珍贵藏品的博物馆也成为国家财富和国力的象征。博物馆展示在很大程度上更具有了文化传播的作用。这一时期，展示陈列较为形式单一，展品的筛选、编排大多按照馆内专家和学者的个人认知或喜好做出抉择，只有极个别的博物馆采用组合陈列法（见图3-13、图3-14）。

直到20世纪初，博物馆进行了一次重大革新，改变了以往侧重展示藏品丰富、陈列密度极高、几乎没有辅助资料的单一陈列方式。

一些英国的自然科学博物馆为了吸引观众，除了基本的文字说明外，以图片、图解或模型等方式形象化地辅助陈列资料，使信息多元化，让观众的理解变得更加容易。有些还设计了专门的陈列柜，其造型简洁，尺度、结构采用标准化构件。通常由靠墙立柜、中心立柜（四面玻璃的中心柜）和桌柜（书桌式的低柜，上部附有水平或有坡度的玻璃罩）三种类型组成，配备展板和依墙屏风作为辅助。有些还采用了钢材或黄铜等金属型材制作框架，这些设施考虑到了人的视觉要素，以此为出发点来设计道具的尺寸和构造。而且，标准化设计的规格统一，排列组合方便灵活，也提高了陈列空间的利用率，新式陈列道具被迅速推广。

除了采用标准化设计的陈列柜外，博物馆还通过降低陈列密度、按学科分类精选展品、组合展品等来布局展示形式，结合辅助陈列资料等一系列的改革。这种陈列模式因与工业革命推行的标准化概念相吻合，故而称之为"标准化运动"。这场运动对整个行业的影响十分深远，被推广至世界各地的博物馆，一直延续至今（见图3-15）。

20世纪40年代，又一次革新的跳跃是大型橱窗式玻璃柜的出现。随着工业化的加深，大尺寸的玻璃为改进和提高展示的艺术效果提供了条件基础，将用于商业宣传的橱窗概念引入到博物馆陈列，恰好满足了博物馆展出体量大、展品又极珍贵的需要。之后玻璃柜由艺术博物馆推广到自然博物馆，采用大型玻璃柜展示自然标本，逐渐普及成一种通用的展示模式。大型橱窗式玻璃柜高度一般在3m以上，进深超过0.6m，视野开阔，柜内宽敞的展示空间，便于各种形式的展品布置，也为珍贵文物的陈列创造了较好的照明、温度、湿度等条件。

20世纪80年代，博物馆设计的环境营造与展示主题关系更为密切，不少专业博物馆力求创造一个更丰富、

图3-15　意大利克雷莫纳小提琴博物馆

真实、个性化的主题性场景空间。当代展示设计的形式更为多样化，在一些自然主题展厅，往往模拟自然生态环境；而在一些历史展厅中，则会模拟场景还原，使参观者身临其境地感受展示内容，也体验到整体环境，使展示的趣味性更丰富（见图3-16～图3-18）。

图3-16　上海电影博物馆
博物馆内还原了老上海十里南京路商铺林立的街景，尽头设置了多媒体交互墙，增强了娱乐性与趣味性，参观者仿佛进入了电影世界中。

图3-17　上海电影博物馆组合式陈列柜

图3-18　上海电影博物馆内的大通柜

博物馆如同一张名片，让人们快速了解一个国家或地区的发展概况，是一种重要的文化资源。而一些新兴的文化展示空间，也随着现代设计的发展，将各种艺术与设计作品传播给大众。随着我国对文化建设的持续投入，各地博物馆的兴建和更新工作，都对展示设计提出了更高的要求。

文化性的展示空间，不再仅仅只是依靠实物的陈列与收藏，如何创造更具吸引力的空间成为当代博物馆的研究课题。今天，科学技术与展示艺术高度结合，计算机技术、新媒介的大量介入，配合特殊的效果，从实物到虚拟、从静态到动态、从被动到互动、从单一视觉到沉浸式的感官体验，为参观者提供了更为便捷和交互的观感（见图3-19、图3-20）。

图3-19 上海科技馆
"生物万象"展区，模拟了热带雨林的地形、植被场景。

图3-20 博物馆展示设计中多媒介的运用

3.2.3 展览会和博览会

18世纪末，人们逐渐设想举办具有集市功能，但以展示物品而非销售为目的的展览会，这一想法在1791年得以实现，捷克首都布拉格首次举办了以宣传、展出新产品和成果为目的展览会。随着大工业经济和商品经济的发展、科学技术的进步、国际交通的发展，为交换商品而生的早期集市，再也无法满足日益发展的流通需求，由此催生了贸易展览会和国际性博览会的形式。

19世纪前后，一些资本主义大国以各种丰富且优秀的物产、机械、产品等作为主要展示内容，纷纷举办博览会，在1798~1849年之间，法国巴黎共举办了11届博览会。英国是第一次工业革命的先导国，率先进入了机器的大生产运动，在这一时期达到了鼎盛。为了显示作为"世界工厂"的强国地位，1849年年末，维多利亚女王的丈夫阿尔伯特亲王决心举办一届展示人类文明进步的国际性博览会，其目的既是为了展示英国工业革命的巨大成就，也试图以此提高公众的审美情趣，推动工业革命带来的美学与艺术风格变化。

1851年5月，首届万国工业产品大博览会（The Great Exhibition of the Works of Industry of all Nations）在伦敦海伦公园开幕。博览会由英国皇家工艺协会主办，展馆建筑由园艺师约瑟夫·帕克斯顿（Joseph Paxton）和工程师福克斯与汉德森（Pox & Henderson）主持设计。帕克斯顿擅长用钢铁和玻璃来建造温室，所以他模仿王莲叶脉结构，使用钢铁和玻璃，修建了展馆宏大的建筑外壳。展馆总面积为71800m²，建筑总长度为563m（合1851ft，以象征1851年），宽度为124m。其外形为一个简单的阶梯形长方体，主殿高度19.5m，并带有一个拱顶，高度41m。除了材料本身，没有任何多余的装饰，空间开阔，通体透明，被世人称为"水晶宫"。这是当时世界上用钢铁和玻璃建造的最大建筑，且采用了机器生产的标准预制构件，大大缩短了施工周期，因而在现代设计的发展中具有里程碑的地位。从某种意义上讲，它是20世纪现代建筑的先行（见图3-21、图3-22）。

首届世博会吸引了来自欧洲各国、美国、加拿大、中国和印度等国家近600万名游客，展出精品达14000余件，盛况空前。最令人印象深刻的是那些在欧洲前所未见的机械制品，有来自英国和德国的铁路设备、蒸汽机和美国的农用设备等，让人们切实感受到蒸汽时代的进步（见图3-23~图3-25）。

此次世博会意味着展示内容由简单的商品交换，进化为先进生产技术和生活理念的交流，科学技术的进步为展览活动的信息传播方式提供了技术的革新，现代意义上的展示设计由此诞生。

通过博览会，公众认识到工业革命对生产方式的改变，由此对产品的生产、设计产生了重大影响，产品设计开始被重视；欧洲打破了工业国家各自封闭的状态，促进了工业革命的进程；但一些专业人士也对机器制品夸张、粗俗的装饰发出了尖锐的批评，由此引发了一场设计改革——工艺美术运动。

由于世博会是展示各国综合国力的最佳平台，影响重大，由此欧洲各国开启了组织承办世博会的热潮。在那个"进步的时代"，世博会不仅是展示新技术、新发明、新产品、新创造的场所，兼具有文化交流的作用。同时，专为世博会而建的标志性建筑，往往采用了当时最先进的设计理念和材料技术，多被保留下来，亦成为时代印记流传至今。

图3-21　"水晶宫"世博会建筑外观

巴黎是当时举办世博会最多的城市，为了不被英国超越，自1855年举办了一系列世博会。为此建造更大规模的展馆，展出更多的来自世界各地的展品，还单设一个美术宫，展示来自29个国家艺术家的约5000件作品。此后，法国政府分别在1867年、1878年、1889年和1900年主办世博会，每一届都吸引了更多的观众。

图3-22　"水晶宫"世博会
博览会上除了展出英国的工业产品外，还有大量的艺术品。

图3-23　"水晶宫"世博会耳堂东侧

图3-24　"水晶宫"世博会展出了工业革命的成就

图3-25　"水晶宫"世博会东殿

　　1876年，为纪念美国独立100周年，费城举办了美国首届世博会，作为最佳的庆祝方式。展览采用设主展厅并分设专题馆的做法，成了一种模式被沿用。许多在今后几十年被广泛应用的新技术，如贝尔的电话、爱迪生的电报机、雷明顿的打字机等首次向公众展示，特别是700t的蒸汽机，为主展厅提供了1/3的动力和机械馆80%的动力，昭示了电气时代的到来，宣告了新兴的工业强国崛起（见图3-26）。

　　1889年，为纪念法国大革命100周年，巴黎举办了第四届世博会，专为此兴建了埃菲尔铁塔。铁塔的建造历时26个月，高300.65m，不仅是世博会的入口，更作为展现法国科技和专业知识的成就，成为巴黎乃至法国的标志。游客可以乘坐塔上的液压电梯升至塔顶，站在塔顶远望，能将方圆42mi的景色尽收眼底，为了迎接世博会，塔上还安装了5000个电灯泡（见图3-27、图3-28）。

　　然而，由于世博会举办得过于频繁，不免各方冲突迭起，为了更有效地组织和管理，1928年11月22日，来自31个国家的代表参加了在巴黎举行的国际会议，签署了世界上第一个关于协调与管理世博会举行的建设性"公约"（即1928年国际展览会巴黎公约）。该公约规定了世界博览会的举办周期和展出者与组织者的权利、义务，作为该公约的执行机构——国际展览局（BIE）亦应运而生。

　　1933年，芝加哥第二次举办世博会，确立"一个世纪的进步"主题，明确科技发明和创新将成为人类社会进步与发展的主要动力，至此，开启了历届世博会都会确定一个主题的先河。

　　至20世纪中叶，早期的世博会受工业革命和当时各帝国殖民野心的强烈影响，基于技术创新的物质进步是展览的核心，在殖民地展馆中展示异国情调和所谓"原住民"的民族特征，使博览会更具娱乐吸引力。然而，第一次世界大战和第二次世界大战彻底改变了技术作为进步之源的观念：各国开始意识到技术革新还会导致破坏，应该将其归纳于社会、政治责任之下。

　　第二次世界大战后，世博会从追求物质进步趋向于促进人类进步与国际交流，科技虽然仍是核心，但仅作为促进人类社会发展的一种手段。1958年，布鲁塞尔世博会成为一个转折点，不再炫耀国家威望和殖民地位，聚焦人类而非科技，单纯地以庆祝科技进步为核心，主题为"进步和人类"，标志着人类和平使用原子能时代的到来。其标志性建筑原子塔取自被放大1850亿倍的铁分子结构，结构整体高度为102m，由9个直径18m的球体按晶体结构组成，重达2400t（见图3-29）。

图3-27　1889年法国巴黎世博会
在建的世博会标志性建筑埃菲尔铁塔正在调试灯光。

图3-26　1876年美国费城百年世博会
巨大的蒸汽机是机械馆内的动力来源。

图3-28　1889年法国巴黎世博会
络绎不绝的游客乘坐电梯到达塔顶，俯瞰巴黎美景，成了世博会最大的亮点之一。

图3-29 1958年比利时布鲁塞尔世博会
远眺世博会标志性建筑——原子塔。

图3-30 1962年美国西雅图世博会
顶部设旋转餐厅的"宇宙之针"。

1962年美国西雅图世博会的主题是"太空时代的人类",以太空旅行为核心,建造了高达185m的"宇宙之针",顶层设旋转餐厅。此届世博会开创了将电子计算机用于博览会管理和演示的模式,根据天气预估入场人次,标志着计算机时代的到来。此外,还采用了单轨电车作为观光交通,显示了对城市公共交通发展的日益关注(见图3-30)。

2000年后,世博会在应对人类在21世纪面临的主要挑战,提高公众可持续发展的意识上,发挥了重要的作用。此届世博会闭展后,对世博园区的场地和基础设施进行再利用,成为一部分生态住宅区。而一些展馆也使用了大胆而先进的技术,如日本馆的结构材料全部采用再生的"纸筒",节点为聚酯胶带绑扎连接,屋面铺设半透明的防水防火纸膜。闭展后,全部材料回收再利用,更契合了本届世博会的主题(见图3-31)。

2010年上海世博会是近年规模最大、参展国以及参观人数最多的一届世博会,具有里程碑的意义。世博会以"城市,让生活更美好"为主题,为世人展示了可持续城市发展的解决方案。园区规模5.28km²,覆盖黄浦江两岸的南浦大桥和卢浦大桥区间,将区域内的工业遗存

图3-31 2000年德国汉诺威世博会日本馆
展馆犹如白色的灯笼,白天光线透过纸膜均匀照亮整个展厅,在盛夏既能阻隔热量,雨天也未漏雨,诠释了可持续发展的观念。

图3-32　2010年上海世博会中国馆

图3-33　2010年上海世博会德国馆
"动力之源"展厅内，金属球随着人们的欢呼声摇摆，声音越大，幅度越大，球体LED影像也愈发炫目。

图3-34　上海当代艺术馆
由2010年上海世博会城市未来馆改建的上海当代艺术博物馆。

设施规划并改造，以期使其融入城市生活。共有190个国家和56个国际组织参与，在为期6个月的展期中，累积参观人次达7300万，盛况空前。

中国馆建筑造型源于古代礼器，斗栱结构层叠出挑，庄重雄伟，由何镜堂院士设计，凸显中国特色和时代精神，寓意"天下粮仓，富庶百姓"（见图3-32）。

英国馆的"种子圣殿"的外观犹如一颗盛开的蒲公英，由6万根透明的亚克力管构成，管底放置900种共26万颗种子，皆是濒临灭绝的稀缺品种。告诫人们保护自然，保护生物多样性，提高人类面对气候变化的应变力、创造力和恢复力。

德国馆以"和谐都市"为主题，核心"动力之源"厅，基于观众的鼓掌与欢呼来控制，一个直径3m，重1.2t的金属球上密布40万个LED灯，如同钟摆一般摆动旋转，同时球面显示有关家庭、城市与地球的影像，寓意一个城市的运行，需要大家共同赋予活力（见图3-33）。

会后，世博会场址的重新利用亦是本届世博会的核心，原中国馆改造为中华艺术宫（上海美术馆），保留了原中国馆多媒体版《清明上河图》。原主题馆城市未来馆在闭展后，改造为我国首家当代艺术博物馆（见图3-34）。世博文化中心改建成成梅赛德斯—奔驰文化中心，可用于晚会、演唱会，可作为美国职业篮球联赛标准篮球场甚至冰球场，为上海添置了一处新的文化场所。此外，原址还新建了上海世博会博物馆，它既是国内第一座真正意义上的国际性博物馆，也是全面展示世博专题的博物馆。

2020年迪拜世博会以"心系彼此，共创未来"为主题，旨在促进人类的相互理解和合作，为流动性、可持续发展和机遇这三个子主题提供务实的解决方案。

表3-1为历届世博会一览表。纵观历年世博会，每一届世博会都是一次文明的展示与提升，各种新技术、新观念的碰撞，体现出追求文化创意上的新境界。如今，各种专题性和综合性的博览会日益增多，受之影响，以交易为目的的各类展览会、展销会、交易活动风靡全球。时至今日，展示活动已扩展到展览、商业环境、生活娱乐等方方面面，将前沿的设计理念与最新的科学技术一一表现，几乎包含了人类的一切活动。

表3-1　历届世博会一览表

年份	举办国	名称	类别	内容及主题
1851	英国	万国工业产品大博览会	综合	万国工业
1855	法国	首届巴黎农业、工业和艺术博览会	综合	农业、工业和艺术
1862	英国	伦敦国际工业和艺术博览会	综合	工业和艺术
1867	法国	第二届巴黎世界博览会	综合	农业、工业和艺术
1873	奥地利	维也纳万国博览会	综合	文化和教育
1876	美国	费城美国独立百年博览会	综合	纪念美国独立100周年
1878	法国	第三届巴黎世界博览会	综合	新技术
1880	澳大利亚	万国工农业、制造业与艺术博览会	综合	万国工农业、制造业与艺术
1888	西班牙	巴塞罗那世界博览会	综合	美术与工艺美术
1889	法国	第四届巴黎世界博览会	综合	庆祝法国大革命100周年
1893	美国	芝加哥哥伦布纪念博览会	综合	纪念哥伦布发现新大陆400周年
1897	比利时	布鲁塞尔国际博览会	综合	现代生活
1900	法国	第五届巴黎世界博览会	综合	世纪回眸——展示19世纪的科技成就
1904	美国	圣路易斯百周年纪念博览会	综合	庆祝圣路易斯建市100年
1905	比利时	列日世界博览会	综合	庆祝比利时独立75周年
1906	意大利	米兰世界博览会	综合	交通
1910	比利时	布鲁塞尔世界博览会	综合	万国艺术与科学、农业和工业产品
1913	比利时	根特世界博览会	综合	和平、工业和艺术
1915	美国	旧金山巴拿马——太平洋世界博览会	综合	庆祝巴拿马运河通航
1925	法国	巴黎国际装饰艺术及现代工艺博览会	专业	装饰艺术与现代工业
1926	美国	费城建国150周年世界博览会	综合	纪念美国独立150年
1929	西班牙	巴塞罗那世界博览会	综合	工业、艺术和运动
1933	美国	芝加哥世界博览会	综合	一个世纪的进步（首次确定主题）
1935	比利时	布鲁塞尔世界博览会	综合	交通运输
1937	法国	巴黎艺术和技术世界博览会	综合	现代生活的艺术和技术
1939	美国	纽约世界博览会	综合	建设明日新世界
1949	海地	太子港建立200周年世界博览会	综合	庆祝和平
1958	比利时	布鲁塞尔世界博览会	综合	科学、文明和人性
1962	美国	西雅图世界博览会	综合	太空时代的人类
1967	加拿大	蒙特利尔世界博览会	综合	人类与世界
1968	美国	圣安东尼奥世界博览会	专业	美洲大陆的文化交流
1970	日本	大阪国际园艺植物博览会	综合	人类的进步与和谐
1974	美国	斯波坎世界博览会	专业	无污染的进步
1975	日本	冲绳国际海洋博览会	专业	海洋——充满希望的未来
1982	美国	诺克斯维尔世界能源博览会	专业	能源——世界的原动力
1984	美国	路易西安纳世界博览会	专业	河流的世界——水乃生命之源
1985	日本	冲绳筑波世界博览会	专业	居住与环境——人类家居科技

续表

年份	举办国	名称	类别	内容及主题
1986	加拿大	温哥华世界运输博览会	专业	交通与通信——人类发展和未来
1988	澳大利亚	布里斯班休闲博览会	专业	科技时代的休闲生活
1990	日本	大阪万国花卉博览会	国际园艺博览会	自然与人类共生
1992	西班牙	塞维利亚世界博览会	综合	发现的时代
1992	意大利	热那亚世界博览会	专业	哥伦布——船与海
1993	韩国	大田世界博览会	专业	新的起飞之路
1998	葡萄牙	里斯本海洋博览会	专业	海洋——未来的财富
1999	中国	昆明世界园艺博览会	国际园艺博览会	人与自然——迈向21世纪
2000	德国	汉诺威世界博览会	综合	人类——自然——科技
2005	日本	爱知世界博览会	综合	自然的睿智
2008	西班牙	萨拉戈萨世界博览会	专业	水与可持续发展
2010	中国	上海世界博览会	综合	城市，让生活更美好
2012	韩国	丽水世界博览会	专业	生机勃勃的海洋及海岸
2015	意大利	米兰世界博览会	综合	滋养地球，生命的能源
2017	哈萨克斯坦	阿斯塔纳世界博览会	专业	未来能源
2019	中国	北京世界园艺博览会	国际园艺博览会	绿色生活，美丽家园
2020	阿联酋	迪拜世界博览会	综合	心系彼此，共创未来

思考与延伸

1. 现代展示空间的发展经历了哪些形式？

2. 了解世博会的发展历程，1851年首届世博会的概况和意义以及各时期代表性世博会的主题与内容。

3. 2010年上海世博会为我国的展示行业带来了怎样的契机？

第 4 章 室内展示设计的程序与表达

　　有目的地进行展示设计的计划，并按照某一阶段的时间顺序有序地开展科学的设计方法，称之为设计程序。纵观整个展示活动，展示设计的内容包含了展示活动的整体策划、总体设计及各阶段的设计工作，几乎涵盖整个展示活动的筹备阶段至施工前的过程。虽然展示活动的种类繁多，其设计要求也存在一定差异，但仍然有共性存在。本章站在总体角度，根据展示设计的规律，根据当代展示设计的基本流程和各阶段的设计工作，分述室内展示设计的一般程序与表达。

4.1　展示设计的基本程序

　　展示设计是一项程序复杂、专业性强、涉及面广、工种复杂的系统工程，是以信息传递为目的的设计活动。同时，它对于时间掌控有着严格的要求，各个节点的工序何时展开，环环相扣，需要进行合理的项目管理和工序、工种、时间的相互配合。

　　就工作性质而言，展示设计主要包括两方面的工作：一是展示的策划，主要包括设计前的调研、文字脚本的编辑、资料的收集等；二是展示的具体设计，主要是针对艺术与技术上的设计。前者主要决定展示的主题及内容，确定展示的目的和宗旨、对环境气氛的设想以及编排展示的程序、撰写文字说明等，这项工作的成果主要以文案的方式提交有关给部门审核，并为后期的设计工作提供有关依据，保证艺术设计工作的开展。后者的工作则集中在确定整个展示活动的空间形态、平面布局、参观流线、色彩、版式、装饰风格与形式的设计，决定照明和道具的形式，规定展示的艺术手法及陈列布

置的方法等。这一阶段的设计工作在完成后，设计师通常以图纸等表达方式将设计结果传达给施工制作部门。

　　实际上，这两方面的工作在展开过程中并不是截然分开的，甚至在大多数时间里还需要互相交叉、彼此合作。展示活动的成功与否，效果的好坏，艺术性的高低，既取决于这两方面工作的成效，也取决于从事这两方面工作的专业人员的配合。就整个展示设计的主要工作进程来看，可以分为几个阶段来认识（见图4-1）。

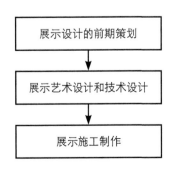

图4-1　展示设计的工作进程

4.2 展示设计的前期策划

前期的策划工作实际上是整个展示活动的准备工作，包括前期的设想、筹备和组织以及主题构思和设计概念的提出，许多商业性的展示活动还包括资金筹备、广告营销、宣传推广等一系列准备活动。虽然不是非常具象的设计工作，也不一定由设计师担当，但这些工作的进展及方向将直接影响到最终的展示效果。

4.2.1 分析设计要素

无论是何种性质的展示活动都具有明确的诉求目标，其主体是观众（客户）及展品（产品）。展示设计的方向会因不同的展示类型、展出期限、展示场地、展品本身、观展对象群体的不同而异。因此，对于相关要素的调查、搜集、整理和判断、分析、研究，是表达设计效果的基本前提，这些工作完成得充分与否直接影响着下一阶段设计的方向。

只有完全理解甲方的展示需求，充分理解所展示的内容，了解展品的特性，才能理清设计思路。展示设计的前期调研工作大致可分为两个层面：一是对展示活动进行必要的分析和调研，为上层决策提供依据；二是提出展示设计的设计理念和设想，为下层设计提供设计基础和方向。

对于整个展示活动而言，即在一定空间中，观众按照设计师制订的路线，通过一定的顺序，将空间中的展示物以一定的顺序参观，通过多媒体互动、模型展示、图文版面等多种传达方式，最终了解展示信息的全过程。设计师需要考虑的设计要点有：场地特点、活动预期效果、时间节点、项目预算、设计的方向和表现形式、展示内容和展示方式、责任范围、展品的运输和储存、目标观众群体等许多要素。

归纳起来，在这个过程中，对设计影响最为关键的是：人、物、时、场这四个构成要素，直接关系着展示设计的基本内容；而经费则是十分重要的间接要素，决定了展示中使用的材料、技术手段等。设计的任务是综合这些设计要素，使展示活动变得饱满而完整（见图4-2）。

（1）人

人包括传信者和受信者。前者指展示活动的举办方和实施者，如机构、企业、商家、参展部门、政府机关等。设计师必须对传信者的展示目标，计划，规模，展品的内容、性质、特征等基本背景资料有所了解，在此基础上展开具体的设计工作。

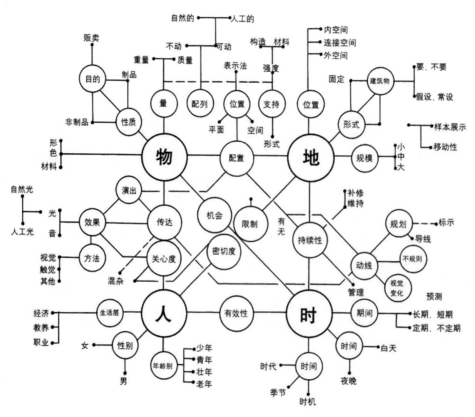

图4-2 展示设计的构成要素

后者指观众或者顾客，他们是展示设计的诉求对象，是展示活动得以实现目的的主宰。研究受信者的内在动机、观赏心理、行为规律、参观习惯、兴趣爱好等至关重要。这些因素往往与地域环境、社会形态、时代背景以及个人的年龄、性别、阅历、职业、阶层、性格等相关，差异明显，因此，需要在差异中寻求一定的共性，把握整体，才能获得具有针对性的建议（见图4-3、图4-4）。

（2）物

物即展品，是传播展示信息和实现展示目标的载体。它们具有各自不同的性能、用途、尺寸、质地、数量、质量、形状、色彩以及组群关系、品牌关系，此外，还包括展品的特殊需求，如是否需要避光、是否易褪色等。同时，展品的外形各具特色，有平面的，有立体的，有弹性的，有动态的，有可触摸的，因此，需要对这些展品的基本性质和物理性能进行系统的了解和研究，才能有利于在展示陈列中创造新奇且生动的展示形式和鲜明的视觉效果（见图4-5）。

（3）时

时间因素，可分为两个阶段，一是设计制作时间，二是展示的时间，短期展览和长期陈列对空间的要求和设计要点各不相同。设计制作时间必须服从展示时间的要求，因此要精心安排并有所规划，制订详尽的组织计划进度表，对何时完成设计方案，完成制作准备工作，布展、撤展等不同流程都应做出严格的时间计划，方可保证展示活动的准时、顺利、有序进行。此外，展示时间也应制订严格的计划，根据需要合理布展，以满足经济性原则（见图4-6）。

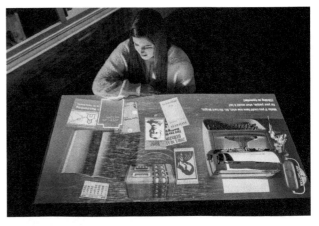
图4-3　美国密西西比艺术和娱乐体验中心的互动投影桌面
桌面陈列着打字机，动态的投影。通过有趣的阅读，让观众沉浸在作者的作品中，聆听创作的过程、摘录的语句等。戏剧化的交互展项使得访客的体验感得到了提升，深受儿童和居民们的喜爱。

图4-4　美国密西西比艺术和娱乐体验中心作家工作室场景再现
博物馆主要展示密西西比州的艺术与娱乐文化，空间内为观众营造了一个工作室，以激发人们体验成为作家的感受，从而来观看他们的作品的兴趣。

图4-5　新伦敦建筑展
1：2000的伦敦互动沙盘模型，相比传统的模型沙盘，配合触摸屏的数字沙盘，使信息传达变得更具象。

图4-6　2014年某品牌陶瓷卫浴展
商业会展的展期较短，形式设计时需考虑布展和撤展的便捷性。

图4-7 韩国首尔三星总部d' light未来体验馆
利用镜面的光影反射，让空间得以延展。

图4-8 瑞典北欧博物馆"北极——冰川消融"展
展厅空间内通过纺织品表现帐篷区，灵感来自北极帐篷的圆形形式。由木条构建房屋，灵感来自冰岛、西伯利亚等地的三角形屋顶，营造了一个个的连通空间。

图4-9 英国伦敦古罗马密特拉神庙博物馆
大小各异的古罗马手工艺品组合陈列在一起，富有灵活性和节奏感。

（4）场

场地指展示活动或展示陈列的场所，是展示艺术活动得以开展的基础，包含室内展示空间和室外展示活动。在设计前期。对场地的了解不能只停留在可供参考的建筑图纸上，还需进行现场和周边环境的勘察并记录，测量实际的空间尺寸，有条件的话，可以多次调研以收集数据。对场所的规模、位置、空间界面、空间的连通、设备条件、周边环境条件等方面进行分析，以便展开关于空间规划、版面设计、照明设计、色彩和材料运用及展品摆放等（见图4-7）。

（5）经费

经费是保证展示活动得以实现的物质基础，展示活动中需要的资金投入、资金分配等与经费相关的因素是设计中必须考虑的问题。它直接关系到展示活动的内容、规模、设计手段、展示技术、材料选择、制作难易等。总体而言，展示设计应该本着高效率、易制作、易使用的原则，合理规划经费，保证最佳的展示效果，避免方案过于简陋和铺张浪费（见图4-8）。

4.2.2 撰写文字脚本

文字脚本的撰写，实际上是展示设计的真正开端，一般正式的展览会、博物馆陈列的文字脚本往往需要花费相当长的时间甚至几年来酝酿；而商业性的展示活动对文字脚本的要求虽然不是很严格，但无论是哪种类型的项目，以"项目任务书"作为总体设计前的方案准备工作还是必不可少的。这一阶段对于展示所需的数据资料已进行了收集和梳理工作，但这些要素和资料往往还处于杂乱无章的状态，必须要进行更深入细致的判断、分析、整理，去其糟粕，从而得到适合展览的精华部分，策划方案和文字脚本的撰写就是这一工作的继续和深化，是展示设计活动的指导性文件。

策划方案是在对展示场所、展示时间、展品、传播者和受传者等要素进行具体分析和研究，确定展示的创意性主题。设计师需要和展览的委托人共同研讨，这是至关重要的一步，良好的展示设计源自出色的展示策划，所有的设计工作将围绕展示策划展开（见图4-9）。

展示计划是以文案的方式提出展示设计的总体构思与定位目标，提供良好的内容、情节和设计构思，是展示设计的重要环节。它的作用如同影视戏剧中的文字脚本，故称作展示文字脚本，一般可分为总体脚本和细目脚本。

（1）总体脚本

总体脚本的编写内容包括展览的目的、展示的主题、展示的主要内容、展示的重点、展品与资料范围、展示地点和时间，在这一基础上制订整体空间的功能划分、参观流线、立面形式、照明、色彩、道具、艺术风格、表现手法和环境气氛的总体设计原则（见图4-10、图4-11）。

（2）细目脚本

细目脚本是对展示内容的进一步细化及具体化，主要是在征集展品后，由设计师承担。根据展示的主题，在仔细研究展品资料的基础上，详细编写每个展区的主副标题与文字内容、展品图片的种类与数量、图表的数据统计等。细目脚本应初步反映设计意向，包括怎样开头，怎样划分展区、展区之间的衔接，怎样结尾，还应对展示的道具与陈列、色彩、照明与装饰、材料与工艺的运用等都有明确的要求，对表现媒介和展示形式的具体建议等，这些因素都是设计师构思的重要内容，以文字形式为后期的设计奠定了方向，成为展览各要素设计的指导性依据。

一般来说，撰写脚本时，设计师需在总体脚本的统领下，把展示内容进行细分和量化，并提出具体要求，应包含以下内容。

① 展示内容：展品的种类、数量、色彩、造型、展示形式等。

② 展示环境：空间结构、空间尺寸、界面色彩、展示面积、展示平面布局。

③ 展示道具：标准展具或自行设计展具；展具的尺寸、色彩、肌理；展示场地的类型、尺寸、数量；接待台的造型、色彩；道具的造型、结构、材质、数量；护栏的形式、数量等。

④ 版面装饰：版面布局、色彩，图片数量、尺寸，展板样式、材料、字体、色彩，图表形式、内容等。

此外，商业会展的周期较短，一般为一周左右。大多数要进行现场组装，就需要设计师在编写脚本时注意选用便于组装、拆卸的展架，尽量选用标准化生产的预制件及轻便的板材等。

图4-10　上海交通大学校史博物馆"肇基南洋"展厅

图4-11　上海交通大学校史博物馆展厅内部
保护历史建筑内，选用木饰面作为护墙板，迎合空间原始的基调。

4.2.3 收集技术资料

为了保证展示设计的合理、预算的精确使用和展示效果的完美呈现，在进行艺术和技术设计之前，有必要掌握设计所需的技术资料和相关数据。

首先，设计师必须熟悉展示场地的情况，深入现场，对照可供参考的建筑图纸，测量实际的空间尺寸与建筑结构，包括空间的长、宽、高、柱距、门窗的尺寸及开启的形式、天花吊顶的形式等，了解原有的照明设施情况，包括配电间位置、插座和灯具位置、展厅的供电方式等；如果展示中有大型的机械设备和电动装置等，还必须确定展示场地的地面负荷情况以及供电线路的负荷等。此外，设计师还应了解相关的国家、地区、行业的法律法规，只有全面了解这些技术资料，做展示的设计工作时才能做到心中有数。

展示资料即展品资料，包括展品的性质、尺寸以及展示要求等，是整个展览的主体和物质基础。如果没有充足的展品资料，展示设计难免过于虚幻，缺乏实质意义。在文字脚本制订的同时，需要由专员对展示资料进行征集和选择，并逐一登记和注册，记录编号、来源、品名、数量、规格和特征等，留存以便编写细目脚本。文字脚本制订的目的是为展示设计的具体化做准备，亦为陈列布展与撤展、送还展品奠定基础（见图4-12、图4-13）。

4.2.4 制订设计进度表

在明确甲方的展示意图和方案要求后，即将进入设计阶段，此时，设计师需要根据展示的规模、内容、时间，制订统领全局的项目设计进度表，合理安排设计过程中各阶段的时间节点，确保能在规定的时间内完成设计任务。具体方法是，从展示设计开始，到结束（设计阶段或施工阶段），标明每一具体活动的计划开始日期和期望完成日期，通常以图表的形式绘制，以鲜明直观、一目了然的方式表达。制作图表时，需要考虑以下问题。

① 项目的设计难度和时间要求。只有对总的项目的难度和时间要求进行充分了解，估算预期的工作量，才能合理安排各阶段的工作任务和时间节点。

② 工作时间的交叉性。在设计进程中，有些工作是可以分工或同步进行的，所以在制作计划图表时要考虑各阶段工作之间的相互配合，控制设计周期，让每个阶段都能有充足的时间以保障最大的设计效益。

③ 展示工作的细化。展示设计是一项复杂的设计活动，往往需要不同团队、不同工种配合完成，涉及创意设计、模型制作、多媒体制作（多媒体的拍摄、制作和陈列技术）、成本预算、版面制作、施工制作等不同的阶段，需要针对项目，对各项工作一一规划。

图4-12 上海四行仓库抗战纪念馆四行仓库保卫战浴血奋战多媒体场景
在战争遗址而建的纪念馆，复原了当时保卫战的场景，仓库中贮存的大量食物、救护用品及弹药，斑驳的混凝土墙面，被炮弹击碎的玻璃窗，窗外弥漫的战火，再现了战士们浴血奋战、顽强抵抗的热血场景。

图4-13 上海四行仓库抗战纪念馆场景雕塑
场景为为受伤的战士包扎，而战士仍未放下手中的枪，仿佛下一刻就要回到战场，奋勇拼搏。

4.3　展示的总体设计

展示的总体设计是在一个宏观的水平上对整个展览的空间布局、艺术风格、整体形象及重点表达的方式进行设计，是一种具有规划性和对具体设计起到指导性作用的设计活动。这一阶段所要解决的问题，是整个展示总的布局、空间的组织与变化、整体与分区间的色彩对比、制订相应的版式设计原则、确定主要照明形式、确定装饰形式以及与展示有关的其他项目。在该阶段，最重要的是对整个展示活动的整体艺术效果的把握和推敲。总体设计包括艺术设计和技术设计两方面的工作。

4.3.1　总体设计的目的与原则

设计师必须对展示的目的非常明确，从展示的内容、观看展示的对象、展示所要传达的信息等都十分明确，才能掌控好总体设计，坚决不能以个人偏爱来进行主观臆想。

（1）空间层级丰富

展示的总体设计在空间的设计方面，实质上是一项展示环境的空间规划设计，是一个切合主题的非日常空间设计。空间设计需以空间的变化和空间的形象来引人入胜，在整个空间序列中，开篇、过渡、引入、高潮、舒缓、结尾，在造型、结构、色彩等要求上注重创意与个性、变化与对比，既有高低错落、聚散有致的，也有围合相间、寻觅流动的，还有几何数形、曲折迥异的等多种空间特征，让观众获得跌宕起伏、节奏丰富的观感体验。对空间关系设计的把握是展示总体设计的基础。

（2）艺术形式新颖

展示设计具体设计中要表达的风格，或古朴典雅、或律动轻快、或科技酷炫、或朝气盎然。材料的运用，灯光氛围的处理都要依托整体的艺术风格。设计师在设计实践中要善于发现和使用新媒介手段、新材料、新工艺，将其实施制作以获得对陈列效果的整体把握。展示设计是艺术的设计，在艺术形式上需要不断创新，才能使展示效果富有艺术感染力（见图4-14、图4-15）。

（3）整体形象鲜明

要形成展示活动的整体形象，在现代的展示设计中，往往引入"企业形象识别系统"（CIS）的概念，即将整个展示活动视为一个系统的活动，在这一系统的活动过程中，确定一个统一的形象，以利于整个展示活动的对外宣传和推广。这个形象系统往往由统一的可视化形象或形象化的规则组成，如标志、符号系统、色彩

图4-14　上海钱学森图书馆序厅
序厅内，一片片红色层叠的亚克力片构成了倒金字塔，从顶部垂吊而下，上面刻印着钱老笔记内页上累累的公式，背景墙面，放大的书页上的公式与签名，两者相辅相成，极具冲击力。

图4-15　上海钱学森图书馆展厅内部
整个展厅以极具张力的几何造型构成，黑色与白色之间对比强烈，天花板的三角形造型也成为一种呼应。

系统、吉祥物和口号形式等，还包括这些内容的应用规定等。这些个性鲜明的系统的对后期的具体设计，如配色、造型与风格、环境氛围等都有限定作用。

（4）信息传达科学性和真实性

展示活动是一项面向公众，尤其是青少年的社会活动，其传达信息的科学性和真实性必然具有社会影响。展示活动若要产生良好的社会效益，必须保证展示内容的科学性和真实性，表现手法既能确保信息的正确传达，又能以艺术形式转化为观众喜闻乐见的信息媒介（见图4-16）。

（5）造价控制合理

不同的展示效果，需要不同的技术手段和材料来表现，由此产生的资金投入的差别很大。设计师需要熟悉了解整体内容，明确主次及各展项的特点，选用合理的材料、展示形式和设备，如多媒体场景、实物陈列、数字媒体等，合理分配造价，将展示效果最佳化。

（6）设计规范及安全

用电线路要符合设计规范，不得随意设置及超载；在展示的室内空间，不得使用易燃材料，减少安全隐患；尽量不更改建筑原始的防火分区和喷淋，如有更改，必须经消防部门的相关审批方可施工；应留有足够的安全通道，参观流线应尽量避免人流的交叉，防止出现人流的堆积，造成安全隐患；利用动态展示和灯光照明，应加设挡光设施，避免眩光，以免发生意外，造成视觉感官的伤害。

4.3.2　艺术设计

展示的艺术设计也称为"图式设计"，是设计师诉述设计意图，将展示主题和内容形象化的视觉表现，是展示活动从文字脚本转为现实的必要步骤。展示的艺术设计始终贯穿于总体设计和单项设计之中。

艺术的总体设计涉及整个展示活动的总平面布局、展示空间的组织与变化、总体的色调与各局部的色彩的对比关系、统一的版式设计、照明形式的确定、装饰形式的确定以及与展示有关的其他项目，如会徽、宣传品、纪念品、票证等设计。单项设计是在总体设计的指导下，充分发挥个体的个性，对具体展区、陈列形式、展示道具、色彩、照明、版面等进行具体的设计。单项设计是在总体设计确定后的延续，象征着设计的深度，局部的造型、色彩、形式、材质等都通过精心设计的单项设计表达（见图4-17）。

设计师在这一过程中必须以整体的观念来规划设计活动，全面统筹，以保证展示设计的完整性与统一性，在统一性中寻求细微的变化；这一过程还需以具象的方式表达，通常为意向图或效果图，便于和甲方之间的讨论和深化，逐渐使设计的艺术效果清晰。总体设计通常包括平面布局图、参观流线图、展示空间及展项效果图、立面布局图、版面设计图、色彩设计和照明设计效果图等一系列表现图。因此，掌握娴熟的效果图制作技法是设计师必要的设计素养。

图4-16　美国明尼苏达州科学博物馆太空展览
按照国际空间站上的美国命运号试验舱1:1复原的模型，游客可以感受到宇航员所经历的迷失感。

图4-17　宁波博物馆
展厅还原了老宁波热闹的街市生活，繁荣绵延的商铺，幽深光滑的青石路，送亲的十里红妆，精致豪华的花轿，反映了宁波历史中最纯粹的民俗风物。

4.3.3　技术设计

技术设计是艺术设计的后续工作，也是实现展示活动创意构思的技术保障，在这里要解决的是制作与实现的问题。在现代展示中，不仅仅是实物陈列，恰到好处的展示媒介亦成为点睛之笔，数字媒体的运用已常态化，如多媒体技术、交互展项、数字影院等。技术表现形式丰富，适用于不同内容，但相对而言，需要较强的专业性及技术性，且造价不菲。因此，为了艺术设计的效果能完美呈现，必须了解这些技术的基本原理及设计需求，以便解决在艺术设计过程中提出的技术问题。

在艺术设计方案获得甲方论证、审批并定案后，以技术性的表达方式来进一步陈述设计意图，为现场施工及陈列布展提供规范的施工图纸或设计文本，并在施工制作中根据现场进行相应的修改，这一过程会一直持续到施工过程完成。技术设计需要进行的工作包括：绘制标注精确尺寸的平面布置图、地面铺装图、天花灯具图、立面图、剖面图，主要展台及道具的详图以及其他特殊设计的施工图等。对于设计节点，还需绘制大比例的施工详图。这些技术性的设计工作，有的需要由总设计师承担，有的则需要在总设计师的指导下，由分管施工的设计师完成（见图4-18）。

图4-18　杭州城市规划展览馆
以木制模型沙盘复原杭州古城建制，配合声、光、电的技术，在瓦片组成的背景墙面上投射多媒体影片，艺术化的技术手段，更好地展示杭州的人文历史风貌。

4.4　展示设计的程序与表达

设计师在设计过程中，需要将展示主题和内容形象化，将设计意向以具象图像表现出来，使展示活动从脚本变成可实现的现实。在每个设计阶段，设计师需要经历的设计过程和表达方式是不同的。一个完整的展示项目，设计师往往需要参与到以下的过程（见图4-19）。

4.4.1　解读文字脚本

展示设计的文字脚本是艺术设计的依据，设计师在进行创作构思之前，必须充分熟悉文字脚本，并领会其内容和核心，将文字化的概念和构思，在脑中塑造成相应的空间形象，最后通过艺术手段升华为生动形象的场景和空间造型。在这一过程中，设计师需要与文字脚本的编者进行充分沟通，明确展示活动的目的与要求，进行切合主题地创作设计，使效果能让人觉得融洽且耳目一新。有时，设计师还可以在文字脚本的基础上，基于展示方式、表现手法、展示效果等，进一步细化，使文字脚本的构思进一步丰富而完善。

4.4.2　定位主题

设计创作的第一步，是要对项目进行定位，主题定位是一个展馆的核心和灵魂。一般来说，设计定位有两个含义：一是指设计对象的尺度和规模的空间造型，大到博物馆、博览会等展示环境，小到一个展位、一个展柜的风格形式；二是指有针对性的展示设计行为，如展品的陈列方式、展示的应用手段、展示空间的照明、色彩乃至细部设计等。

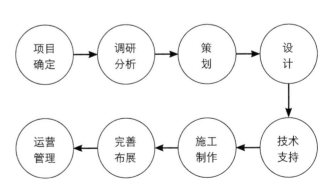

图4-19　展示活动的环节

随后，要对展示活动的总体设计进行统筹，我们把它称为"概念设计"。概念设计的过程是把握和探寻展示特征的过程，是设计师逐渐进入设计角色的过程。设计之初，设计师团队需要经过一个头脑风暴式的汇集，发现某一方面或多个方面的不同主题的意向，将这些设计意向经过综合衡量、轻重取舍、重置后构成总体的设计思想，最终形成相对准确和完善的主题信息（见图4-20）。

最后，需要对主题信息进行解读和比较，在此基础上确立一个独特的、个性化的展示理念，由此获得展示的设计主题。这将决定设计师以怎样的手法形成整套设计方案，决定了展示的艺术造型、展示的形象、展示媒介的选择和多媒体技术的组合运用方式，控制着艺术

设计的发展方向；还直接影响到观众对展览信息的解读。明确主题后，就可以围绕这个主题来过滤信息：去除不必要的，避免相似的，使需要传达的信息强化，并具有独特性，得到最终的主题信息，形成线索的主题。这个过程不仅能指导设计理念沿着这条主线进行，还能理清展示的脉络，加深参观者对信息的感知，形成一定的信息导向，使参观者更有序地理解展示内容（见图4-21）。

值得注意的是，主题的定位并不是设计师个人的主观臆想，而是在对展示对象、展示空间、参观群体、地域环境等大量客观因素进行调研分析后确定的，是以现实情况为依托的（见图4-22）。

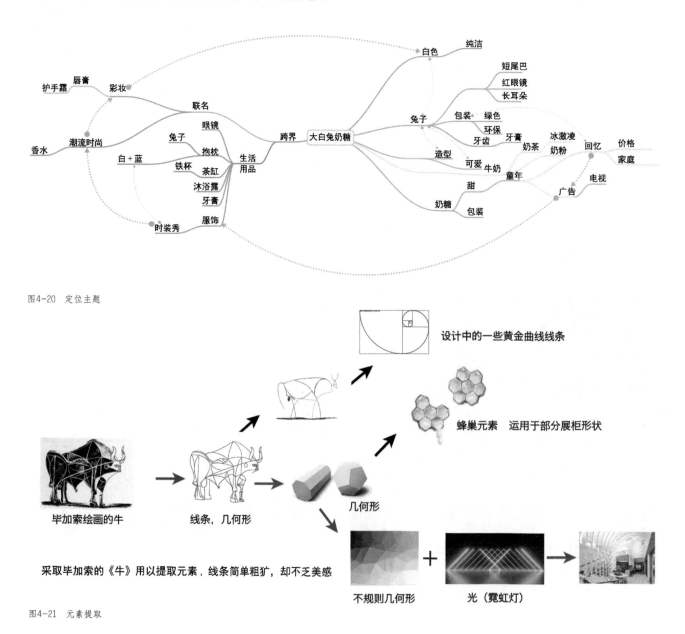

图4-20 定位主题

图4-21 元素提取

4.4.3 概念设计

（1）草图

确认设计主题与定位后，即指明了设计方向。但此时它还只是一个抽象的想法，或是语言表达的关键词，或是几个方向的设计意向。要使这样的设计概念衍生为系统的设计方案，必须将其转化为具象的空间效果。从意念到意向，都是大脑中抽象的概念或形象。设计思维从一点开始，随着蔓延拓展，逐渐明朗，最终形成实体化的平面形式和空间造型，完成意念的形象转换。

在这个阶段，设计师面临的往往是大量草图方面的工作：从展示空间的总平面布局、展示空间的组织形式、重点展区的造型等。设计重点是根据脚本的要求，从宏观的角度来安排各个展区的位置和面积。同时，为了比较清晰地反映出设计风格，在设计前期，还应当将主要展区或重点展项以手绘草图或意向图表现出来，在平面布局中梳理展项的前后顺序和主次分布，以理清头绪，引导思考的方向。此时的草图往往是比较抽象的，或者模棱两可的，但已经具有表现方案的雏形。之后可以通过设计理念的逐步清晰完善和修改，进一步细化草图工作，有时也会在绘制或检验的阶段产生新的灵感。

优秀的设计师应具备良好的草图表现能力和图解能力，相比较复杂的计算机绘图，稍纵即逝的灵感可以以快速的手绘方式记录下来。这一过程也是方案推敲、思考的过程，是从抽象逐渐具象的表现。在一些设计草图中，还会配合说明文字、材料选择、色彩搭配、空间尺寸、结构细节等设想，从平面转化为空间的构思，并为后期的图纸制作指明方向。因此，在草图中完善方案，是必要的设计表达形式之一（见图4-23、图4-24）。

图4-22 美国密西西比格莱美博物馆
以格莱美音乐为主题，为人们展示了密西西比州的词曲作者、制作人和音乐家对传统音乐和现代音乐的影响。

（2）图纸

通过草图的表现，确定总体设计后，设计师需要把前期的手绘草图以计算机制图的方式规范化，以便细化方案。在平面图上，可以用一定比例的各类平面图和分析图来明确表达整个展示空间的布局，各个展区的位置、大小及功能分区的关系，在总平面的基础上，再进行有关的分析和评估，得到如人流参观动线的走向、公共空间、展示区域与通道之间的比例，主要展区和重点展项的分布点位等的设计细节。在立面图上，需要结合三维空间的设想，综合考虑立面造型和界面之间的组织关系。图纸绘制，是设计转化为成品的关键一步，为后期的效果图制作和详细的施工图绘制提供了设计依据，通过清晰的图纸来展现明确的空间平面、立面的构想。

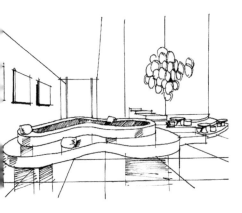

图4-23 空间效果草图

图4-24 多媒体场景手绘效果图

此外，在展区确定的前提下，根据空间的分隔与围合，还应当初步计算出相应展线的长度和高度，以此确定版面的长度和高度，复核是否能够容纳展品的陈列，摆放的位置和形式是否适宜，对观众而言能否有一个较为舒适、动静结合、丰富多变的观看路线和形象展示，此时也可结合展示道具的设计、多媒体场景等布局，便于进一步深入设计时有一定的依据（见图4-25）。

（3）效果图

方案获得认可，待确定空间布局与功能分区后，为了进一步表达展区之间的空间关系，逐步进入更为直接的三维效果图的表现形式，可以采用轴测图或鸟瞰图的方式来展示总体布局，从不同角度展现空间的主要效果。通过三维模型方法推演，从不同的角度来分析方案的优势与得失（见图4-26）。

效果图是概念方案阶段最终的成果表现之一，具体表现为三维空间模型结合材质、灯光、色彩、角度等设计细节进行渲染，再后期美化处理，完善空间整体环境和展示细节，模拟出逼真的设计细部和灯光效果。具象、逼真并且直观的虚拟空间场景，往往是设计投标和说服客户最佳的形式，其表现效果的好坏对项目的成败起决定性作用（见图4-27、图4-28）。

在整个概念设计阶段，对于总体方案的审核总是比较慎重且严谨的，这是设计中期对方案把控的关键，如是否能契合主题，平面布局是否合理，表现形式是否具创新性等，也是为了在整个设计过程中，始终把握大的方向，避免在后期因方案主题不合理而造成中途返工，影响工作进度。设计工作在这一阶段要达到一定的设计深度，对于后期的深入是必要的。

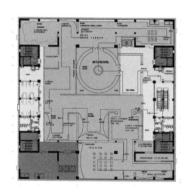

图4-25　规划馆功能分区与人流动线图

图4-27　规划馆数字沙盘展厅效果图

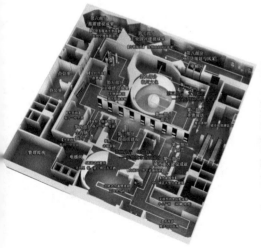

图4-26　规划馆鸟瞰图

图4-28　规划馆住房建设展厅效果图

4.4.4　深化方案

在概念设计方案获得确认后，设计师面临的工作就是将方案中期的较为粗略的各种构想和规划付诸实施，这一过程也被称作方案的深化过程。

在设计深入阶段，除了把握整体外，更重要的是要将精力集中于各个细节的推敲上。一般来说，概念设计确定了展示空间的组织序列，设计的深化过程则是将这一空间序列以实际的构造付诸实施。版面、展台、模型等内容的详细造型、具体位置、详细尺寸、构造方式、制作材料等都应当在这一阶段明确。一些技术方面的设计，如照明、动力、网络等设施也应当与相关的设计部门合作，并出具相应的技术图纸，如天花板灯具分布图、电力配置图等（见图4-29）。

对于重点展项，往往会采用模型、场景结合多媒体设备等特殊表现手法，这些部分往往也成为设计上的一些重点。这些重点展项往往需要定制加工制作，其造型也成为整个展示区域中最为突出的部分，因此在设计中必须有详细的三维效果图、立面造型和节点详图。还有采用一些特殊设备的部位，如灯具、动力机械、大屏幕以及大型场景中的发光、发热、发烟设备等，需要根据其艺术设计进行技术设计，以保证设备能正常工作（见图4-30、图4-31）。

深化过程的成果应当是按照国家有关的规范绘制的内容详尽、数据清晰的图纸，并通过有关部门的审核。图纸所表达的对象构造关系应当是明晰且合理的，尺寸正确无误，并对所用材料明确标注。图纸的绘制通常采用国家对建筑及室内设计制图的规范，在一定的范围内，可以采用行业内通行的标识符号来标明道具、灯具等内容。一些构造特别复杂、制作难度较大的部位，除了用平面、立面和剖面图来表达设计意图外，还可以辅以三维立体的效果图（见图4-32）。

此外，一些版面、标识等平面设计范畴的内容，也应当在深化设计过程中完成。主要版面的内容、文字的形式、幅面大小、版面位置、制作材料等都应当在设计图纸中明确标出。一般为了直观地反映版面的设计效果和计算面积，常常是按照参观的流线方向，以一定比例将展示区域的立面展开，这种方法也被称为"展线展开

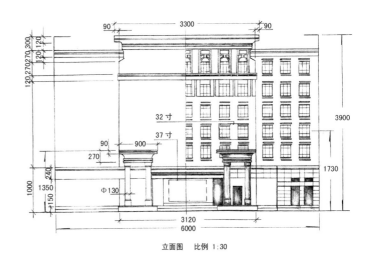

立面图　比例 1:30

备注：1. 底层门立柱，中间放置1台37寸电视机，屏幕尺寸：80cm×44.5cm（已压屏幕边 10mm 一边）
　　　2. 三层楼处左右，各放置2台32寸电视机，屏幕尺寸：68cm×37.5cm（已压屏幕边 10mm 一边）

图4-29　幻影成像模型立面图

图4-30　场景效果图

图4-31　场景实景图

图4-32 展柜细节

图"。通常采用Illustrator、CorelD raw等绘图软件来完成版式设计的工作，这些软件能以矢量化的方式将设计对象的图片、图表、文字及其他内容的尺寸按比例表达出来，便于整体设计的把握；之后再以Photoshop进行图像处理，完成后期输出制作。设计师需要将版面的内容与展示环境结合设计。在大多数的展示设计中，往往会制订一些标准来限定版面与环境的关系，如版面与立面背景的间隔距离、固定方法、色彩关系、构造关系等（见图4-33）。

4.4.5 施工制作

设计图纸的完成并不意味着设计过程的完结。对于展示设计来说，图纸上的设计只是设计过程中的一个环节，要将设计的意图完全变成现实，还需一个施工、制作及安装、调试的过程。

从设计过渡到施工制作阶段的交接工作，应当由设计师就设计图纸向施工部门作技术交底，即向施工部

门介绍设计中的重要部分及制作中的难点以及在制作过程中需要注意的事项。一般展示的施工和制作过程常使用一些规格特殊的道具，如展台、屏风、版面等，而在商业性的会展中，应当尽可能采用标准化的构件，如可拆卸的展架、展板等，减少现场搭建的工作量。一些大型展示活动，如博物馆的陈列布展，模型、场景的工作量和施工难度都加剧甚多，一般的设计图纸难以表述完整，甚至有些设计还有待于在制作过程中进行设计完善。因此在施工过程中常需要设计师的现场指导，尤其是一些微妙的效果把控，如色彩的搭配、细节的设置、灯光的调试定位。一般来说，展示活动布展的时间有限，需要有计划、有条理地进行，防止发生反复、窝工造成经济损失的现象。

施工制作最后的工序是现场的安装和调试，这也是设计效果实现的一个关键步骤，设计师应当在现场配合做最后的调试和润饰。有时一些大型的博物馆的陈列布展项目，在正式向公众开放前，还会进行针对指定观众群体的内部预展，根据观众及相关人员的参观体验，提出最终的修改意见，设计师需针对细节做现场整改，以期最大限度地达到设计的预想效果（见图4-34）。

4.4.6 撤展

项目最后的工作，还包括施工现场的撤展，尤其是一些临时性的主题特展、巡回展览和商业展示活动。相关的展品、道具和设施都要在计划的时间内拆卸运输，在设计之初，就要考虑它们的尺度和制作工艺能便于拆卸，并兼顾运输的便携性。此外，设计师还应考虑展示道具和材料要符合多次使用的环保要求，实现绿色可持续发展。在撤展过程中，应确保展品的安全，保护展示结构免受损坏以及保证施工人员的安全（见图4-35）。

7100 mm

5900 mm

图4-33 版面展开图

图4-34　某展示空间施工现场，安装图文版面

图4-35　中国香港亚洲国际博览馆"《清明上河图3.0》数码艺术展"
展示设计应该本着高效率、易制作、易使用的原则，拼接的木架构，构成了复杂的视觉效果，同时便于运输、安装与拆卸。

4.5　展示设计师的专业素养

一次展示活动的策划、组织、设计和制作，是由多个体系融合的系统工程。展示活动，实则是一门信息服务产业，坦诚、高效、高质量、高水准是完成这项工作的基本原则。设计师既要具备自己的鲜明个性，又要能够站在传播者（客户）与受传者（观众）的角度去把握展示主题与方向，更应当关心社会热点与新技术的运用，应当有着强盛的创造力与激情，不断地在项目中挑战自我、创造奇迹。作为一名优秀的设计师，除了要具有专项设计的能力，还必须具备其他相关的能力和素质，包括如下几个方面。

（1）艺术素养的底蕴

作为一名优秀的展示设计师，必须经常关注国内外展示案例和其他相关艺术的风格、流派的变化和动态；必须具备敏锐的艺术观察力和鉴赏力，善于捕捉新的艺术思潮和动向，以保证在艺术构思中体现出时代感；同时，还必须具备相当的文化修养，对文学、戏剧、电影、音乐等均有较好的鉴赏力，以便从各类艺术中汲取创作灵感（见图4-36、图4-37）。

（2）建筑、环境设计知识的积累

为保证展示设计过程中能够体现对环境有基本的认识和设计想象能力，熟悉与此有关的建筑、室内设计知识是必不可少的。除了具备建筑和室内设计的一般制图和识图能力，展示设计师还应当了解建筑与室内设计的基本原理和常用手法，能够用技术性的语言来阐述自己的设计意图。除了掌握必要的建筑与室内设计知识外，还应当了解和熟悉与此相关的法律和规范，如有关的建筑消防规范、建筑规范等。

（3）造型艺术的表现

展示设计师应当有较强的美术设计和造型能力，并熟悉艺术设计范围的各项工作，能够熟练地运用设计软件，常用的有AutoCAD、3D Max、SketchUp、Photoshop等，制作设计图纸和三维效果图，具象表达自己的设计意图。

（4）前沿信息的关注

展示设计师要在艺术设计中开拓创新，没有对新技术和新发明的敏感，就难以应对展示科学不断进步的趋势。展示设计师应当主动获取行业领域内出现的新技术、新工艺、新材料的相关讯息，还要在多媒体设计中善于运用最新的科技成果，以获得观众的吸引力，提升品牌效应（图4-38）。

图4-36　匠心妙艺——蒂芙尼180年创新艺术与钻石珍品展
展览1:1还原了蒂芙尼纽约第五大道旗舰店的门头及橱窗，在另一角展示着《蒂芙尼的早餐》。

图4-37　厦门红点设计博物馆
由闲置的机场空间改造而成，展厅内以飞机客舱构成连廊，将过去
与现在联通，使得空间的文脉得以延续。

图4-38　上海当代艺术馆"迪奥小姐：爱与玫瑰"展
圆拱形视频墙营造了一个玄幻的入口空间。

（5）公关协调的把控

展示设计是团队合作的结晶，是一项涉及多种设计门类及技术工种的工作。项目负责人尤其是大型项目的负责人，应当具有良好的组织能力和公关协调能力，善于统筹规划，协调各部门、各环节的工作进展。展示设计师应当具有相当的协调意识和能力，有较强人际交往能力和合作精神。在版面设计、技术设计交接中明确表达设计意图，并且能够参与施工现场，解决将设想转化为现实中出现的问题，能善于沟通且有效地协同各制作部门的工作。

思考与延伸

1. 展示设计的程序与方法是什么？
2. 展示设计的前期工作包括哪些？
3. 作为展示设计师需要具备怎样的专业素养？应该通过怎样的专业技能来表现设计方案？

第 5 章 室内展示设计的基本原理

　　室内展示设计的根本目的是高效的信息传递，即在限定的空间内，运用各种手法，直接引导参观者的情绪波动，使之被吸引并加深对展品或商品的记忆度、理解度和信任度，以此调动人们观看及参与展示活动的热情，提高展示的效力。一定程度而言，展示设计最终追寻的是一种诉求力，即能引起人们视觉关注度的表现力。除了展示环境本身的营造外，展示对象的陈列形式设计亦是构成室内展示设计的重要内容。室内展示设计具体的研究内容包含了一般空间设计的基本法则，尤其以人在参观过程中的视觉和情感体验为展示设计的基本前提。

5.1 展示设计的构成元素

5.1.1 空间

　　展示设计的空间即展示行为所发生的场所。宏观上讲，它既可以是一定建筑围合的内部空间，亦可以是建筑外的展示行为发生的场所。通常来说，区分内部空间和外部空间的界限，就是有没有顶界面。顶界面对于室内空间的意义在于，能够阻隔光、风、雨等自然因素的干扰，在物理空间中给人以安全感，同时营造空间的氛围，满足并保护展品的安全性。

　　空间包含物理空间和心理空间两部分的内容：物理空间，即由界面围合的空间；心理空间，即物理空间的大小、位置、尺度、造型、光色、材质等视觉要素引发的空间感受。展示设计师要做的就是在固有的物理空间中，对于已知存在的柱、墙、窗等限制因素合理规避并有效利用。根据展示的主题和内容，从满足展示功能的角度出发，合理地进行空间规划，营造合理的参观路线，运用各种设计手法和技术，结合设计版面、照明、色彩和材料以及展品的陈列，以达到突出展品、主次分明、整体统一、虚实相宜的空间效果，赋予参观者震撼心灵的主题空间。

5.1.2 人

　　观众是展示活动的重要组成部分，引导他们在展示设计师构建的时间与空间内移动，解读展示物品，参与展示活动，才能达到信息传达的目的。观众在展厅内的移动，亦成为空间内的一部分，即行为空间。在当代展示中，观众不再是被动的接受者，展品与观众的界限日趋模糊，展示内容不单单是某一个物体，越来越强调人与展项的互动与交流，观众的感受与行为模式也被考虑在其中。最终在精心营造的奇妙新颖的交互和体验中，构建出一场别开生面的展示活动。

5.1.3 故事线与动线

　　通过构筑空间的围合与分隔，引导人们在其中移动，按照设计的顺序和方式，将展品在空间内陈列，这将直接影响展示的最终效果。按照文字脚本，展示以故事的形式讲述，构成了叙述性空间的表达。展示设计师设计好一定的故事线，将展品与展点依次排布，便引导了参观动线。参观者按一定顺序观看展品，完成了从设计好的参观动线到理解展示故事线的转化。两者虽然形式不同，但内在却是统一且相辅相成的（见图5-1）。

图5-1 美国"9·11"国家纪念博物馆
博物馆展陈设计通过实物展品、影像、材质、灯光等手段表现叙事
情境，引导观众完成体验。

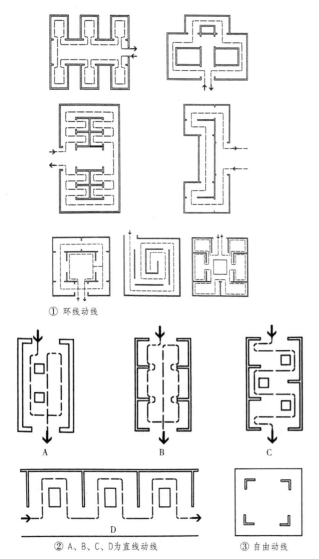

① 环线动线

② A、B、C、D为直线动线　　③ 自由动线

图5-2 人流动线示意图

5.1.4 空间布局与动线

空间的布局、空间之间的组织与动线往往是相互关联、一并考虑的。观众一旦进入展区，展示设计师需要根据展示内容，尽可能安排不同的展示效果，因此人流动线的设置尤为重要。通常，可分为以下几种动线组织（见图5-2）。

（1）环线动线

即在整个展区空间，将入口和出口设在同一点，观众进入展区后，经过环线的参观，最终在同一侧的出口离开。空间布局可复杂多样，只需按照大致的方向，依次布置，使观众的焦点集中在展陈部分即可，环线动线灵活性高，但要尽量避免人流交叉和重复穿行。一般独立的展区或展馆可使用这样的动线设计，原进原出。

（2）直线动线

即穿越式人流动线，展示空间的入口和出口在不同的方位。这种动线规划明确，观众从入口进入，经空间辗转，按照一定的观赏顺序行进，最终由另一侧出口离开。直线动线导向性强，人流一般不会有太大的冲突，但如要回到某一展点，则需原路返回。通常，一些大型的博物馆、科技馆常采用这样的人流动线组织方式，由序厅进入第一展厅、第二展厅、第三展厅……将公共空间和展厅空间有序地串联，自然而然地完成整个参观过程。

（3）自由动线

通常用于开放性的空间内，无固定的参观路线。在一些大型的博览会、商贸会展中，仅在出入口有明显的导向标志，观众可按照兴趣爱好，自由参观，并无固定的参观顺序。一些大型的展位，也往往采用开敞的空间布局，形成强烈的视觉冲击，吸引观众进入展区。

通常，参观路线的方向应顺应阅读习惯，一般是顺时针方向，观众从左至右行进观看，切勿时左时右，造成混淆。特别是在博物馆、科技馆等叙事性空间，按照展示内容的逻辑关系、展品年代、主次等来进行配置，从而在张弛有力、疏密相间、节奏快慢的空间中构建秩序感。此外，也有一些对展示顺序要求不严格的活动，如商贸会展、艺术展览、商业空间。动线的规划应考虑连贯性强，能将整个空间有序地串联，通过静态或动态的陈列方式，使故事变得丰满而有趣，吸引观众去主动探寻并理解展品背后的信息。还要从行为心理学的角度，兼顾便捷与灵活、单纯与变化，尽量避免路线的盲区影响展示内容的完整性，避免人流的交叉与逆流引发安全隐患。

5.2　展示设计的视觉元素

5.2.1　空间形态

　　展示设计的目的是让观众在有限的时空中最高效地接受信息，即展示活动是围绕如何有效地提高展示效率和质量进行的。除了展示的空间环境的设计，展示对象的陈列形式也是极其重要的部分，因此，研究人在观赏展品时的视觉心理和心理过程成为展示设计的基本前提。当今，对此的研究已获得长足的进步，其成果被广泛运用到展示的设计之中。基于在视觉行为方面的共性，展示设计中引用了许多平面构成、立体构成和色彩构成方面的原理，并在设计实践中形成了相对完整的设计原理和法则。

　　（1）点

　　点是最基本的几何元素。在欧几里得的几何学中，点在空间中只有位置，没有大小之分。在展示设计中，点可分为两类：一是展示的重要节点，展示设计师常在展线中分布一些重点展项的设计，使展示活动丰富化；二是作为几何形态的点元素的运用，当物体置于空间之中，所有的物即成了点，点的重复与组合，会演变出关于线和面的不同形态（见图5-3、图5-4）。

　　（2）直线

　　直线是空间中最常用的元素，也是展示设计中运用最广泛的视觉元素之一。直线段在几何学中表示两点之间最短的距离，具有强烈的视觉张力。有序的直线具有明显的秩序感，能有效地统一整个展示面。在展示中构成直线效果的因素很多，除了版面、道具外，陈列整齐的展品、书写成行的文字等也都构成直线的效果。利用直线的这些视觉特征，互相配合，能够达到有意识、有目的地引导观众观看展品的效果。

　　由于人的视觉习惯作用，水平或垂直的直线分别呈现差异效果：水平直线具有引导视线、吸引观众的作用；中心点呈辐射状的直线，对视觉的吸引效果最强；而垂直直线则更多地具有分隔画面、限定空间的作用。例如，版面常用水平线作为陈列展品的基准，用垂直线条来分隔版面，此时垂直线就起到了中断视线、把观众的注意力引向展品的作用。在设计中有意识地运用这些特征，可以在视觉上可达到改变或扩大空间的目的（见图5-5～图5-7）。

图5-3　2017年西班牙巴塞罗那国际建材展Alumilux公司展台
1800根铝材以几何形态自9m高的天花板悬挂而下，犹如博物馆中巨大的鲸鱼骨架，旨在引起观众的好奇心。在装置内部，层次丰富的反射和阴影构成了洞穴空间。

图5-4　美国纽约Camper商店
白色树脂模型鞋满布墙壁，增加了空间的体积感及整体氛围。在光与影的作用下，点点白色在墙壁上投射出有韵律的纹理。

图5-5 北京正通宝马博物馆
白色高亮空间内，立面水平方向的白色灯带，诠释了速度的变化。

图5-6 美国纽约库珀·休伊特史密森尼设计博物馆"感官：超越视觉的设计"展览
使用多彩的线条围合出了一段段曲折蜿蜒又可自由通行的半透空间，可触摸和互动的展项基于无障碍的感官体验而设计。

图5-7 德国法兰克福灯光节
空间内放射状的线条和旋转的展台，赋予了线条动感。

（3）曲线

从几何学的角度而言，曲线可分为封闭型曲线和开放型曲线；从造型的角度而言，曲线更趋向自由、活跃。由于曲线的曲率不同，平缓的曲线与突变的曲线分别呈现出不同的视觉效果。运用合理的曲线可以丰富整体设计效果，打破单纯直线造成的理性、严谨的气氛。在设计实践中，若直线与曲线结合运用，能产生对比丰富的展示效果（见图5-8、图5-9）。

图5-8 美国纽约WeWOOD手表旗舰店
曲线的木质装饰寓意年轮的概念，供人们在自然和时间的背景下体验产品。

图5-9 日本富士山树空之森（御殿场市富士山交流中心）
蜿蜒的曲面展墙与半弧的空间互补，构成了丰富多变的室内空间。

（4）圆形

从几何学的角度说，圆是一个被连续曲线包围的形态，曲线上各点距圆心的距离相等。在展示设计中，圆是非常有用的形状，既可以是实心的盘状，也可以是空心的圆环，且从任意角度观看，或正圆或椭圆，都具有良好的视觉中心作用。

圆形在展示中具有很好的适应性，可以拓展为球形、扇形、螺旋形等形体，以便与周围环境协调起来。圆的形状可以用多种方法取得，圆形的道具、圆形的展品，甚至排列成圆形的展示品等，还可以用球形来丰富圆形的造型因素。并且，圆形与矩形、直线等元素在几何关系上易形成强烈的对比，展示设计师可以利用这一原理，进行背景与展品的并置，以突出彼此（见图5-10、图5-11）。

（5）三角形

三角形是展示设计中常见的几何形状，它可以水平、垂直或倾斜地使用。在用直线构成的几何图形中，三角形是所用直线最少的图形，只有三条边，而且存在着两种特殊形态，等边三角形和等腰三角形。三角形具有丰富的形态变化，不同的三角形或不同的位置都可能产生不同的视觉效果。

图5-10　德国梅赛德斯奔驰博物馆
螺旋形动线穿越中庭空间，沿着几何交错的楼梯延伸，以仿佛飞驰的汽车模型装饰顶部墙面。

图5-11　加拿大人权博物馆
在加拿大旅程展厅，中庭上方通高的显示屏与巨大照片墙相交，传递着明确的图像信息，数字化影像在29m长的屏幕上播放关于人权的故事，使每个进入展厅的观众为之震撼。中心的圆形区域是数字化交互地台，成为空间的视觉焦点，吸引着人们的关注。

图5-12 纽约大都会博物馆服装学院"川久保玲/Comme Des Garcons：中间的艺术"展
倒锥形的展陈空间具有外放张扬的姿态，增添几分律动。

图5-13 日本科学未来馆"世界末日"企划展
三角形的灯箱围合的空间流线，显得灵动且富有童趣。

平放的三角形具有稳定、庄重的视觉效果，展示中常用这种形态作为道具形态或版面形式等。如果把三角形从平面发展成立体的金字塔或棱锥形，能使展示效果愈加丰富。若将三角形的形态做一些变化，改变原来的等边或等腰三角形的稳固状态，则呈现完全不同的感受，变化细腻；若稍加倾斜或完全倒置，则会呈现一种"千钧系于一发"的险势，或是"泰山压顶"的气势，这种险峻或不稳定的视觉形态变得非常引人注目，因此，利用这一特点，可以有意识地在展示中造成生动的视觉焦点。

三角形在平面或立体的构图中，也常作为一条法则加以运用。通常将一组主要对象的位置布置成不对称的三角形，通过调整这个三角形的形态，以获得较好的视觉效果（见图5-12、图5-13）。

（6）矩形

在展示中的矩形，实际上存在两种形态，即长方形和正方形。由于视觉习惯和人的视域局限，常将水平宽度的长方形视作展示的界面，或是构图的画框。因此，在展示中出现的矩形常被视作是某一展示内容的外框或界限。在文字或图片的版面上，常把矩形作为展示内容的主要排版形式。在实物陈列中，常以矩形作背景，使展品陈列呈现出一种较为严肃的效果。矩形一般来说显得较为正统、严谨但缺少变化，而正方形是矩形中变化较小的形态，传统的展示中较少用到正方形，但若能发挥想象，加以独特设计，将不同大小的长方形或正方形组合在一起，也能产生别出心裁的效果（见图5-14）。

图5-14 丹麦设计博物馆
丹麦之椅展区陈列了近百款经典的丹麦制造椅子，椅子被放置在格子间内，一旁有可抽拉的滑动图版，讲述椅子的背后的故事。

5.2.2　视觉元素的传达

无论采用怎样的空间形态，都需要着眼于整体设计和总的造型特征，才能达到视觉上的简化，形成高效且统一的信息传达。此外，还可以将这些统一的元素组合起来，以一定视觉规律，如重复、渐变、对称、过度、呼应、均衡等进行设计，使空间的视觉特征能被快速识别，确定对象的基本面貌和构成规律，突出不同层次的信息表达。

因此，在展示空间设计中，展示形式的统一是设计的基础和前提。品种繁多，效果各异的视觉对象只有在统一的前提下，才能呈现富有变化且有序的表现。通常，可以从以下几个方面对视觉元素进行简化，并进行细部处理。

（1）几何元素

确定平面、立面、三维造型的基本元素，如基本造型以直线与矩形、圆形与曲线为元素，造型直接相对统一，彼此有一定的关联，形成呼应，营造个性化的空间（见图5-15）。

（2）比例与位置

确定形态间的比例关系及在空间的位置关系。比例即造型的长、宽、高之间的关系，适宜的比例成为造型的依据标准；位置关系即空间内版面、展品和道具陈列的高低、左右、前后、角度的空间位置，也应设定明确的规律。

（3）造型特征

确定展示空间、展项与道具造型的特征，即空间及道具造型是围合式、曲径通幽的，或是通透开放、自由穿行的；展品的表达是静态实物陈列，或是动态数字演示与交互；是以平面展台展示为主，或是以立面、天花板造型延伸的展示；是轻松娱乐的展示氛围，或是充实紧密的展示空间等。这些的表现形式往往兼顾，使展项的设置虚实相间、动静结合（见图5-16）。

（4）文字图形

通常情况下，文字、图形、符号常依附于版面内容而存在，作为一种信息传递的媒介和载体。而在当代展示活动中，文字图形已逐渐独立为一种视觉符号，成为构成空间的要素。根据主题和风格，设计师可以采用独特的排版和组合，获得引人注目的视觉效果，有着节奏的效力，因而，它们与其他形态形成的对比关系、比例关系、疏密关系等，对空间的视觉效果也有着极其重要的影响（见图5-17、图5-18）。

图5-15　2012年韩国丽水世博会韩国现代汽车展厅
墙面上不断变化的白色立方体构成了动态的矩形阵式图，表达了关于运动哲理的设计理念。

图5-16　北京SKP购物中心
圆形的展示空间构成了一个独立的区域。

图5-17　法国里昂音乐博物馆
墙面高低错落的巨幅漫画，构建了一个富有故事性的空间。

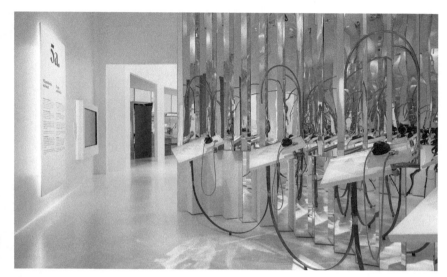

图5-18 2015年意大利米兰世博会
观众从红色的通道经淡绿色空间进入蓝色空间，仿佛一点点向海洋靠近，数字化展项成了讲述北极历史与未来的媒介。

图5-19 瑞典北欧博物馆
观众经淡绿色空间进入蓝色区域，仿佛一点点向海洋靠近，数字化展项成了讲述北极历史与未来的媒介。

图5-20 法国里昂汇流博物馆"社会——人类剧场"展厅
展厅内的场景设计创造了一种新颖的风格，空间内陈列了年代久远、文化遥远的展品，辅以具有节奏感的光影效果，与之产生对话来激发观众的好奇心。

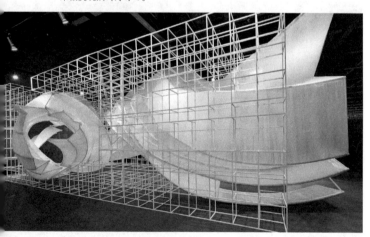

图5-21 2015年广州设计周透明之"壳"体验馆
海螺形态的透明膜与网格交错，刚与柔的对比，如蚕丝一般交错编织的布，呈现变幻的光影效果。

（5）色彩

确定空间的基本色调。色彩相较于造型，具有更直接的视觉效果，会直接影响参观者的心理感受与感知。从色彩的色相、纯度、明度及色彩关系入手，对人的生理和心理感知直接刺激，对色彩块面大小、比例等综合考虑。当我们身处一个冰川展厅，首先感知的是淡蓝色的主基调，然后才是空间内的几何形态（见图5-19）。

（6）照明

展示空间的光环境设计，首先要满足基本的照度要求，看得清空间和照片，满足人的舒适度；要保证陈列的效果，可以用重点照明等方式明确视觉的焦点；最后，营造一个特定的环境氛围，利用气氛照明来烘托渲染。具体而言，照明方式可以从光色冷暖、照度强弱、区域分布、范围大小、位置安排、灯具及光源的类别、位置高低、角度等进行设计（见图5-20）。

（7）材质肌理

了解展示材料的质感与加工制作的工艺方式，考虑材质的物理属性和经济成本，同时，材质特定的色调及肌理也会关系到视觉效果和心理感受。例如，金属与木材这两种材质，赋予的展示风格差异巨大，有着硬软、重轻、工业感与自然感、理性与感性等不同特点，这些也传递着某种信号符号，传递着文化内涵（见图5-21）。

综上，视觉元素高效传递的根本在于信息简化，但这并不等同于单一和贫乏，也不可误认为是与丰富生动相对立的概念。在展示空间中，以统一形态和特征把复杂的视觉元素有序地规整，即是一种简化。

5.3　室内展示设计的形式法则

展示空间是由建筑、空间、展品、色彩、照明、材质等要素构成的人为创造的空间环境，一方面要满足展示功能的基本要求，另一方面还要满足人的精神感受上的需求。因此，展示设计师在赋予展示实用性的同时，还需要对这些要素做合理且艺术化的安排和处理，让观众获得良好的视觉体验，这就需要设计师熟悉掌握并合理运用下列艺术设计的形式法则。

5.3.1　比例与尺度

任何物体，无论造型如何，都可以以长、宽、高三个方向的度量来衡量。展示空间的比例指的是形体之内或空间之中，将整体与局部之间、各个部分之间的关系安排得体，如大小、高低、长短、宽窄等均形成合理的尺度关系。比例问题不仅表现在版面设计的标题与文字说明中，在整体的空间设计、展品陈列等方面都亦有所涉及。适宜得体的比例与尺度把控能力是展示设计师必备的职业素养之一，在展陈设计中，需要将面积或体量不同的造型及色彩按适宜的尺度进行设计，以获得视觉上舒适的造型和结构。

（1）黄金分割比例

在古希腊时代，人们便开始对比例的问题进行研究，希腊人试图用数理的方法寻找一种理想化的比例关系，黄金分割比例（1∶1.618）便是其成果之一。在古代的各种设计中，黄金分割的运用比比皆是，既存在于古希腊的神庙，也为哥特式教堂的设计提供了灵感。在古典美学中，比例被认为是设计上的美学基础。如雅典的帕特农神庙，其正立面和室内平面都遵循了严格的几何关系，按照黄金分割比例进行规划，其屋顶高度、屋梁的长度和平面的长、宽之比都是1∶1.618，正好符合人的视觉习惯。现代设计中通常用"$\sqrt{2}$"的比例来替代黄金分割比例，在日常生活中也被广泛采用，许多国家将其作为印刷工业用纸长宽的规定比例，许多印刷品和绘图纸都以此为据。

（2）数

自古希腊罗马时期，理性就是西方思维的主导方式，反映到建筑设计的美学追求上，就是以确定化的数字比例限定建筑空间的构件，认为"一切皆数"，比例的本质取决于数学关系，事物具有数的均衡和节奏才能成为美。文艺复兴时期，帕拉第奥认为圆形和正方形这样的几何形是最为完美（见图5-22）。

图5-22　英国伦敦科学博物馆温顿数字展馆
展厅中央一架"古格努克"（Gugnunc）双机翼飞机被悬挂在半空，尾部随之飞舞的半透明螺旋状结构，如同飞行过程中机身周围流动的气流。以数字概念呈现的空间体验，让观众了解数字对现实世界的深远作用。

（3）模数

模数指两个变量成比例关系时的比例常数。模数学派的代表人物是20世纪法国新建筑运动理论的先驱勒·柯布西耶，他的理论源自古典设计美学中的模数和数学范式。从人体比例出发，建立在黄金分割的基础上，主要数据依据为两组：一是设定西方人平均身高为1829mm为基准，从地面脚底到肚脐部分为较长部分（约为1130mm），再将该段进行黄金分割，长段为698mm，依次类推。二是以向上伸手站立人体姿势为最高度（2260mm），再用上面的方式以此类推。柯布西耶将黄金比例的应用向前推进了一大步，曾得到爱因斯坦的高度评价，并广泛运于现代设计领域（见图5-23）。

现今，大多数的设计已不再满足于机械地套用这些传统法则，而是根据视觉艺术的规律和具体的设计要求，进行最优化的组合方案，以追求设计的新颖性和视觉上的新鲜感。比例的形式存在于展示设计艺术的各种关系中，所谓"关系"的艺术，是指进行设计时，必须恰当地处理各方面的关系：人与展品的关系、人与环境的关系，展品与环境的关系以及诸因素之间的关系等。关系可以分成不同层次、不同的范畴：如观众-展品-环境；观众-环境、观众—观众之间的关系等，各种关系的核心是人。

而在设计中，我们常常用以一种相对恒定的度量关系，即尺度来衡量各种关系中诸因素的协调程度。因而在设计中常常以"尺度"（或尺度感）作为标准，来作为衡量关系处理得好坏、水平高低、和谐与否的标准。尺度是一种视觉角度和主观感受，是主观的度量，即人所具有的体量感受，而不同于具体的"尺寸"，是客观地度量出来的。我们通常把尺度描述成大或小，与其他参照物进行对比，强调人与空间的比例关系所产生的心理感受。比如高度既可以给空间增添空旷感，也可削弱亲切感和人情味，当空间尺度大于人体尺度很多倍时，就会给人带来超常的尺度感。很多博物馆、美术馆、科技馆的内部空间正是借助这种超常尺度来渲染其雄伟壮观的一面，如法国卢浮宫入口的设计。但过大而又空旷的展示空间可能显得迷茫且缺乏生机，小而精致的展示空间看上去却让人舒适自然。换言之，尺度也是一种空间的比例关系，而恰恰是这种主要的感受很大程度上决定了设计的成功与否。当然，如果设计中有意追求某种失重、怪诞的效果，则另当别论（见图5-24、图5-25）。

图5-23 奥地利维也纳科技馆"未来城市"展
空间内一个个纵横交错的展柜，或垂直耸立，或悬于半空，或临近地面，使观众可以在不同的维度与尺度上观看展品，营造了一个层次丰富又相互呼应的展览空间。

图5-24 北京朝阳大悦城"大调匠心美学展"
提炼富士山的形态作为空间基本造型，以回形平面将观众以流线徐徐引入。采用模块化的组件作为展示道具，基于重复利用的意识，便于拆卸组装及运输。

图5-25 瑞士伯尔尼通信博物馆
比例分布的蓝色网格构成了数据中心，展示了影像、实物、交互展项等，观众在其中体验共享网络带来的影响。

5.3.2　对称与均衡

维特鲁威在《建筑十书》中讨论建筑美的时候，强调美感的对称在于对称性，离开对称和比例，就建不出协调的神庙。在中国传统建筑中，往往有着明显的中轴线，如故宫的整体布局和单体建筑就充分运用了对称的手法，显得庄严、肃穆。对称具有端庄、大方、自然、典雅、匀称等美感。在现代展示设计中，对称是一种经常被采用的表现手法，更多强调整体的相对对称，即在细节上加入一些不对称的元素变化，以增加造型的变化，使空间变得灵动与活泼，从而避免绝对对称形成的刻板与单调。

均衡是对称的变体，即在原点的上下、左右各方的形式不必完全相似，但视觉和心理感受效果相当，产生既活泼又统一的效果，在异同中寻求平衡。在展示设计中，均衡的要点是掌握重心，既保持视觉上的平衡，又不失去心理的重心。均衡不仅可以从造型、体积、面积、轻重等外形方面获得，也能从色彩、肌理、明暗对比中提取。不同造型、色彩、大小间的相互组合，不仅体现在版面或立面造型上，也体现在空间的分割中（见图5-26、图5-27）。

5.3.3　对比与统一

对比是视觉艺术中最重要的形式法则，即性质相反的各种要素之间产生比较，从而达到视觉上最大的紧张感，这里所说的"性质相反的要素"，通常是物体的形态、大小，也可以是色彩和明暗、物体的肌理质感，或是主体与背景之间等。在比较过程中，相异的特点会更加明显，这就是对比。传统艺术表现手法中"巧中见拙、俗中含雅、曲中见直、方中求圆、粗中有细"等皆是对比的表现。展示中的对比，可以是空间的形态设计，造型的体量大小、位置的高低、色彩的冷暖，形成虚与实、动与静、曲与直、方与圆的对比；也可以是展示道具、展品、灯光、色彩、材质、肌理等元素的综合对比。展示活动的本身即是各种对比要素的综合运用，在设计的过程中，展示设计师有目的地强调对比或弱化衬托，能给人"万花丛中一点红"的惊奇感，从而突出重点、突出展品（见图5-28）。

从另一角度来讲，对比实则是对矛盾的强化，而与此相反的法则就是统一，即对矛盾的弱化，也就是调和。在视觉艺术的范畴中，统一意味着在矛盾和对比的视觉要素中寻求调和的因素，把性质相同、量不同的物

图5-26　Pitzhanger艺术画廊"记忆之殿"展览
半球形空间内纯白色的由竹子雕刻而成的模型，通过镜面的反射，在视觉上延展成一个包容的空间。

图5-27　深圳万科博物馆
红、黄、蓝三色的吊柜向三个方向延展，有一种奇妙的均衡。

图5-28　杭州奇客巴士旗舰店
白色的虚拟空间与褐色的现实空间被斜向分割，如格林尼治线那样泾渭分明，将传统与未来连接，对比强烈。

体，或是把性质不同但相似的物体并置，营造统一融合的舒适感。因此，为了获得展示效果的整体性，会采用各种手段来达到统一的目的。如在总体设计中运用统一的形式、统一的色彩、统一的材质，烘托一个统一的主调，运用局部对比来活跃空间，营造生动的展示环境（见图5-29）。

对比和统一是一组相互独立又相互依存的矛盾体，缺一不可，对比中求统一，统一中求对比，寻求丰富的视觉效果，在展示设计中，应根据主题与总体设计，或侧重对比，形成生动活泼、新奇动人、刺激欲望的传播效果，或充分运用统一，给人舒适有整体性、和谐融洽的感受。一旦双方达到平衡的状态，就能呈现出既生动活泼，又和谐统一的状态，获得多种展示元素的融合，达到多样的统一境界。

图5-29 英国伦敦设计博物馆
粉色的霓虹灯在展厅入口醒目地标注了展览的名称，版面与导视标识以明亮的粉橘色点缀，赋予跃动与活力。

5.3.4 节奏与韵律

音乐的节奏，诗歌的韵律，也被广泛应用到展示设计中。节奏的含义是某种视觉元素或展品形式的多次反复、交错和转换、重叠，加以适度组织，从而产生运动感和节奏感。譬如同样的造型、色彩或空间序列按一定规律呈强弱、长短、高低的变化，这种律动不是一成不变的，时而平缓、时而湍急，使空间富有生机和动感，给人以类似音乐的节奏美感的体验。

在现代设计中，常用交替变化、渐变等手法，使人产生一种有韵律的感受，同时也使人体验到和谐的秩序感。韵律是比节奏范围更大的视觉元素的律动和变化，是大面积变化的节奏波动，是由造型元素的规律性地变化重复出现而形成的（见图5-30）。

图5-30 2011年德国法兰克福国际汽车展
一个个曲线形态的半围合空间塑造了富有节奏感的空间。

图5-31 美国旧金山加利福尼亚州科学博物馆中的水族馆
形似水波纹的墙面造型，构成了荡漾的律动，配合灯光营造氛围，游客宛如进入了海底世界。

图5-32　"水·云·山BMW沉浸体验"展
连绵的曲线装置在展厅中律动，再现中国山水的情境，变幻的光
影，亦为空间增加了一丝意蕴。

展示中的节奏和韵律密不可分，借助于空间层次、造型、材质与肌理、灯光与色彩等元素规律性地变化和重复，形成节奏美感，继而形成韵律之感、和谐之感。空间的节奏及韵律的变化和体验，就完全不同于色彩的节奏和韵律变化和体验。前者是借空间体量的变化及运动的过程形成的，而后者则是由色彩的基本要素：明度、纯度和色相三者之间的变化而形成的。若在展示设计中营造出节奏和韵律的感受，就需要展示设计师借鉴音乐与诗歌，用心体会，用视觉艺术的手法加以强化，以构筑出一种如诗、如歌、如画的展示氛围（见图5-31、图5-32）。

图5-33　北京POPPEE集合店
从橱窗向店内展望，交错的格子内陈列着精致的商品，金属的边框
及顶部的装饰构成了一座悬空的黄金宫殿，吸引着人们进入店铺。

5.3.5　重复与渐变

重复是指大小、形状、颜色相同的物象反复排列，可以是统一形式的连续、交错、间隔，能够使规整严谨的空间产生单纯、清晰、连续、平和、无限之感。展示中的重复设计应用，是空间造型或展品按照一定的规律、秩序重复展现，形成统一的形象。重复可分为绝对重复和相对重复，前者是完全相同形式的反复，相对比较规整和简约；后者则是将变化应用在反复当中，具有变化的节奏和动感，空间比较活泼。需要注意的是，当使用相对重复，空间的变化不宜过多。如服装的展示手法，对不同款式的套装做连续重复陈列，引导消费者顺序参观。

渐变是指重复出现的元素逐渐地、有规律地递增或递减，使之产生大小、高低、强弱、虚实的变化。渐变可以是相同元素或相似形象之间的渐变，在对立要素间采用渐变手法过渡，可以显得空间灵动自然、和谐有序，让空间不仅拥有韵律感，还充满节奏感。渐变在展示艺术表现形式中的应用非常多，比如借助渐变的造型与色彩，可以使空间温馨、浪漫或具有新颖的形态造型（见图5-33～图5-35）。

图5-34   2015年意大利米兰世博会法国馆
涟漪般扭转的山形木质结构以抽象的方式代表了被负形化的农业山丘，原本种植于地面的农作物被悬挂在天顶上，山丘内部的中空空间则成为人们活动的区域。

图5-35   瑞士博物馆中的信息交流展
拉丝金属板的墙面上，圆拱形壁龛依次排开，内部以明亮的灯光强化，圆拱形的亭子被植物缠绕，展厅内的古代雕塑作品被现代现实表达，形成联系。

思考与延伸

1. 展示空间的构成元素有哪些？
2. 结合案例分析展示空间设计的视觉要素。
3. 常用的室内展示设计的形式法则有哪些，并举例说明。

第 6 章　室内展示设计的人体工程学

在展示设计中，人体工程学是设计师确定各项设计原则、制订各项设计标准、运用设计形式的依据。好的展示空间设计，不仅需要艺术的构想，造型优美，符合人的审美情趣；更需要使空间服务于人，满足人的生理和心理需求，并且引导观展的行为活动，正确地处理人、设施、环境三者的关系。展示设计中的空间、展品、道具、设施的高效搭配，应充分考虑展品与观众的视觉关系，陈列设施的尺度和比例关系，空间内部的动态和静止关系等。因此，了解人在展示环境中的行为状态和适应程度是确定各种数值的基础。

从分析特点来看，人在展示活动中，最基本的行为表现是行走和观看，因而展示设计的人体工程学也围绕人体尺度与活动空间、人的感觉和知觉、生理和心理需求几大要素而展开。

6.1　人体工程学与展示设计

6.1.1　人体工程学的定义

人体工程学是一门研究人、人造物、环境的关系的学科，是在20世纪40年代后期，于第二次世界大战后发展起来的新兴学科。在美国被称为Human Engineering，在欧洲被称为Ergonomics，而在日本被称为人间工学。在我国，比较通行的是"人体工程学""人机工程学""工效学"等说法。

国际人类工效学协会（IEA，International Ergonomics Association）对人体工程学的定义是研究人在某种工作环境中的解剖学、生理学和心理学等方面的各种因素；研究人和机器及环境的相互作用；研究在工作中、家庭生活中和休假时怎样考虑工作效率、人的健康、安全和舒适等问题的科学。

6.1.2　人体工程学在展示领域的定义

人体工程学的学科内容综合性强，应用范围极广，在不同的应用领域，对它的理解和定义略有差异，从展示设计的角度，主要研究其中关于人、设施、展示环境的三个要素。

"人"主要指参观对象，包括他们的心理、生理特征以及适应设施和环境的能力。

"设施"的概念十分宽泛，包括人使用的一切设施和工程系统，如展品、道具等，如何满足人的要求，符合人的特点。

"展示环境"指展示空间的整体环境，照明、色彩、温度等对展示活动产生的影响。

"系统"是人体工程学最重要的概念和思想，人体工程学并不是孤立地研究三个要素，而是从整体的高度，将其视作一个相互作用、相互依存的系统。

6.1.3　人体工程学与展示设计

人体工程学在展示设计中的作用大致如下。

（1）为人在展示活动的空间范围提供依据

影响空间范围的因素众多，但最为关联的还是人体尺寸、观众的活动范围以及展示设施的数量与尺寸。在规划空间范围时，首先要确定人在坐姿、立姿、卧姿时的尺寸，由此测定出观众在使用各种展示设施和从事各种活动时所需的空间面积、体积与高度，测定出空间内需要承载的人数。

（2）为展示设施提供依据

展示设施是为观众提供更舒适的观感体验而服务的，因此，展示形式、道具的尺度、造型等都要满足使用要求，使设施符合人体的基本尺寸和进行展示活动所需要的尺寸。如展示柜和展板的陈列高度，需考虑视线的高度和视野的范围。

（3）为展示环境的适应性提供依据

人的感官包括视觉、听觉、触觉等与环境相关的知觉，设计需要考虑在怎样的情况下能感受到刺激，哪些可以接受，哪些会对人造成干扰，通过人的感官，为展示环境提供科学的参数，找出一定的规律，确定展示环境的各种要素，如展示的色彩配置、景物布置、光环境、热环境、声环境、视觉环境等。

6.2　展示设计与人体因素

人体因素是设计展示活动的根本依据，是人体工程学中最基本的内容，也是最早开始研究的领域。最初，人们往往从经验和技术角度来确定产品等人造物的尺度，几乎没有理论基础，沿用千年。直到20世纪40年代，为适应工业时代的需要，产品的批量化生产，设计成果与人类活动紧密相关，人们才开始重视对人体尺度的研究，这些研究结果更多运用到管理和设计领域（见图6-1）。

6.2.1　人体尺寸

人体的特性千差万别，但通过对群体的考察，可以发现人体尺寸具有一定的分布规律，考察的群体愈大，这个规律就愈明显。人体测量就是通过对相似群体的测量后，运用数理统计分析处理，总结出这一分布的规律。通常，人体尺寸随种族、性别、年龄职业、生活状态的不同而存在差异。

物体本身原本没有尺度的概念，而当它与其他因素进行比较时，就产生了尺度标准。因此，将"尺度标准"引入展示设计，是创造良好的展示设计的首要原则。此外，还需重视设计与人的关系，让参观者在使用过程中感觉方便且舒适，那么可以认定两者的关系是相互协调的。

大部分人体测量的数据是以百分位表达的，以身高为例：第5百分位表示身材较小的，有5%的人低于此尺寸；第95百分位表示高大身材，即有5%的人高于此值。第50百分位为中点，表示较大的和较小的各占50%。在设计上满足所有人的要求是不可能的，但必须满足大多

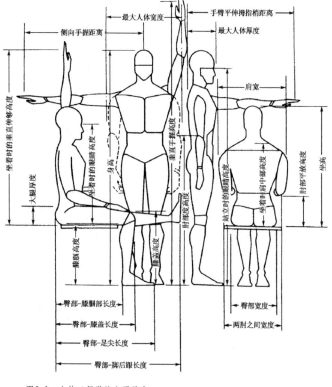

图6-1　人体工程学的主要尺度

> **小贴士**
>
> 人体工程学中百分位表示具有某一人体尺寸和小于该尺寸的人占统计总人数的百分比。
>
> 人的人体尺寸各不相同，并不是某一确定的数值，而是分布于一定的范围内。例如亚洲人的身高数据是151~188cm，并非采用平均值的感觉来进行设计，而是运用百分位的方法来理解。

数人，常用的百分位有第5百分位、第50百分位和第95百分位，设计时根据使用对象的不同，选择其中的百分位尺寸数据作为设计参考。

这些通过测量和数理统计得出的数据是展示设计师确立展示设计相关尺度的依据。在展示中，与尺度关系最密切的是可容空间的设计问题。展示中的可容空间指展示活动的空间场地、人行通道和其他活动场地，此时应取较高的百分位，即选取高大身材作为设计依据。通常，适应范围越大，其技术成本方面的要求也越高。展示设计师应在平衡各方面的因素之后，尽可能地满足较多人的使用需要（见表6-1、图6-2）。

6.2.2 通道尺度

展示空间的通道宽度，视展示活动的规模而定，与人流的多少、展品的大小与分布有着直接的关系。通常按人流股数来计算（每股人流以60cm计算），最窄处应能通过3~5股人流，最宽处可通行8~10股人流；需要环视的展品，周围至少满足3股人流的通行量。若低于这些标准，可能会造成人流堵塞，人体感觉不适，甚至可能会损坏展品（见图6-3）。

在展示设计中，对于台阶、楼梯等存在高低差的部分，必须考虑无障碍设计。依据相关规定，用于无障碍通道的高度与水平长度之比的最低容许值为1∶6，即高

表6-1 几种常用通道的尺寸 　　　　　　　　　　　　　　　　　　　　　　　　　　　　　　单位：cm

通道类型	1人	2人	3人	4人	5人	10人
A	48	102	145	203	241	483
B	53	107	160	213	267	533
C	81	163	244	325	406	813
D	51	102	152	203	254	508
E	91	183	274	366	457	914
F	183	366	549	732	914	1830

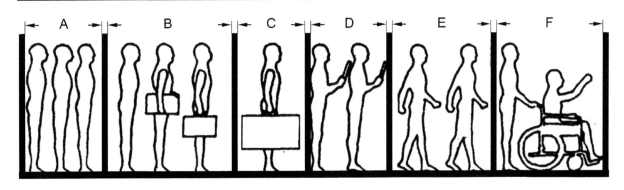

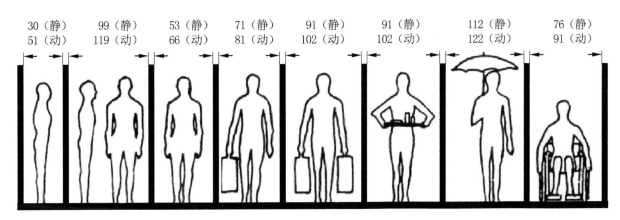

图6-2 各种通道内人体活动的基本尺度要求（单位：cm）

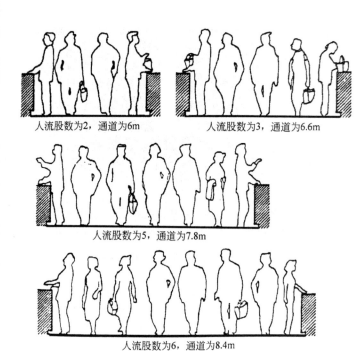

图6-3 展示空间人流股数与通道尺寸的关系

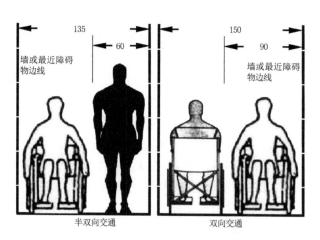

图6-4 无障碍设计的基本尺度（单位：cm）

度为200mm，水平长度为1200mm。其坡道每隔9m，需设置一个休息平台，其宽度不应少于250cm。无障碍通道的宽度有两种：一种为轮椅单向行走的通道宽度，至少135cm；另一种为轮椅双向行走时的通道宽度，至少150cm（见图6-4）。

大型展示活动的参观路线一般是顺时针方向，多采用多线通道，分主线和辅线设置，但也并不绝对。一般主线上陈列主要展品，辅线则陈列一般内容或相对独立的辅助展品，如艺术品或多媒体场景等。

图6-5 德国维特拉设计博物馆"维克多·帕帕奈克：设计的政治"展
适宜的陈列密度，能高效地传递展示信息，为观众营造舒适的观展
体验。

6.2.3 展示设计的尺度

（1）陈列密度

陈列密度是指展示对象在展示空间中所占比例的程度，即展品占据展厅地面与墙面的面积，又被称作平面尺度。适宜的陈列密度，不仅可以提高信息传达的效率，也为观众营造了一个利于观赏的愉悦环境（见图6-5）。当陈列密度过大时，观众易产生视觉疲劳，从而心情浮躁，并易造成参观人流的拥挤，降低展示效果；而陈列密度过低，又让人感觉展示空间过于空旷，内容贫乏，影响展示的经济效益。一般而言，大型展示活动的陈列密度以30%～50%为最佳，小型的展示空间最多不宜超过60%。

此外，陈列密度还与展示空间的跨度、净高有直接的关系，还受参观视距、陈列高度、展品大小、展示形式以及参观人数等因素影响。若展示空间高大，陈列密度稍大也不显得拥挤；若展示空间低矮，陈列密度则要适当减小，以免显得拥挤；而当展示对象的尺寸较大，参观视距又近时，也会让人感觉空间拥挤。

（2）陈列高度

陈列高度是指展品或版面与参观者视线的相对位置，可分为高、中、低位三档。高位陈列指视平线以上的区位布置，仰视观望具有特别的展示效果。譬如，在宗教建筑中，神像往往位于高位，致使信徒不得不抬头仰望，顶礼膜拜，使之有崇高感；另一方面，高高在上的神像，也扩大了展示的范围。中位陈列大致是指视平线高度的区位布置，这一区域对观众而言最为舒适，也是最佳的陈列区位，一般可做2～3层深度的陈列，实物、图版等相结合，构成丰满而充实的效果。低位陈列

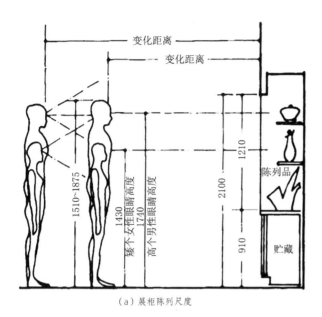

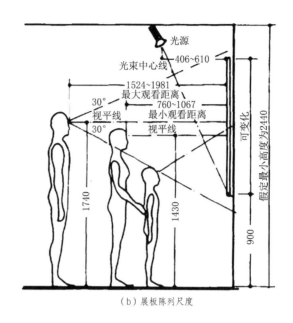

图6-6　展柜和展板的陈列尺度（单位：mm）

指视平线以下的区位布置，相对而言，观众俯视能够更细致地观察展品的全貌。当面域较大时，可陈列工业机械等较大展品，配合低展台进行衬托；通常还会用于展示柜的陈列，布置需要仔细观察的展品，如文件、书籍、画卷等。

从人体工程学的角度分析，观众对陈列高度的适应受有效视角的限制，常采用的高度是地面以上80～250cm，为最佳陈列视域范围；且受视觉限制，不宜超过350cm。距地220～350cm，多用于展示大型艺术作品，如摄影和绘画等；而小件或重要展品，适宜布置在观众视平线略上，即140cm左右为佳（见图6-6）。

人体尺度与陈列的关系，多取决于视平线的高度。研究表明，展墙、展板的最佳视区在视平线以上20cm与以下40cm之间的60cm宽的区域。按照我国成年男性平均高度171cm计算（穿鞋修正值），视高为155cm，黄金区域应为115～175cm，重点展示陈列在此区间，易引起观众注意，获得良好的效果（见图6-7）。

（3）陈列深度

陈列深度表示展品陈列位置的深浅程度，通常由观众与展品间的距离决定。展品与参观者距离较近，展位较窄的方式称为浅位陈列。人们能近距离仔细观看展品，甚至亲手触摸或交互体验，亲切感及满足感更强。深位陈列指在垂直层面上进行前后穿插、距离不等但有序的陈列方式。从观赏角度而言，具有次序性且布置丰富具有动感（见图6-8）。

图6-7　科威特石油公司艾哈迈德·贾伯石油天然气展示中心
实物展示与动态展示的陈列高度。

图6-8　悉尼动力博物馆"失控：实现数字化"展
根据展品设置不同的陈列深度，曲线型的展台通过数控切割、现场组装而成，其底部暗藏条形照明，营造出漂浮之感，无缝且纯净的白色展台衬托展品吸引观众的注意力，并在曲线造型中产生无限深度的错觉。

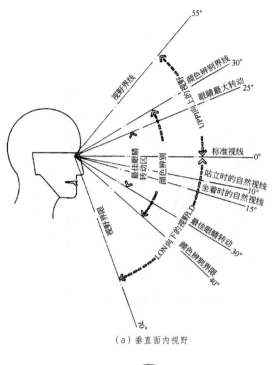

（a）垂直面内视野

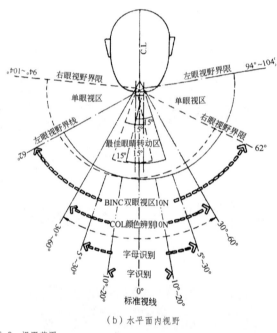

（b）水平面内视野

图6-9　视野范围

6.3　展示中的视觉因素

观展是一种视觉的活动过程，而视觉是人类最重要的感知能力。根据人体工程学原理进行的展示设计，如人在展示空间的位置、图文版面的布置、展品和道具的陈列高低、观众的视野和视距等，这些都是通过视觉来感知的。通过视觉，可以感知展示各元素的形状、大小、色彩、明暗、肌理、运动等多方面的信息。由视觉传达的信息相比听觉、触觉、嗅觉等其他感官感知信息量的总和还多。因此，视觉是我们了解展示活动最主要的途径，为了将信息通过更有效的方式传达给观众，就需要对视觉信息的传达过程及视觉习惯进行研究。

6.3.1　视觉要素

展示设计中的大部分信息通过视觉来接受，因此，视觉要素对观众接受的展示内容和效果是至关重要的。

（1）视野

视野指人的头部固定且眼球不转的状态下能够看到的空间范围，常以角度表示。视野反映着视网膜的普遍感光机能的状况，包括一般视野和色觉视野两种形式。

一般视野，是指眼睛的视角在1.5°～3°（水平或垂直方向），分辨能力最强。当两只眼睛视野重叠，形成的双眼视区大概在左右60°以内，而对字符的辨识在左右20°以内，为理想视区。在一般视野中，同样的物体，上下左右往往看起来大小不一。因此，在造型设计上，应有意地让下部略大于上部，避免产生"过大视觉"，头重脚轻的不稳定感（见图6-9）。

根据视野的辨认效果不同，将其分为4个视区（见表6-2）。由此所见，虽然人的视野范围并不小，但大多是"余光"所及，仅能感受形体的存在，而能精确辨识形体、色彩的区域（最佳视区）最小。因此，在展示设计中，应尽可能把展示内容放在有效视区内；最主要的放

表6-2　不同视区的辨认效果

视区	范围		辨认效果
	水平方向	垂直方向	
中心视区	1.5°～3°	1.5°～3°	辨识形体最清晰
最佳视区	20°	视平线下10°（站）	在极短时间内辨识形体
		视平线下15°（坐）	
有效视区	30°	上10°～下30°	需集中精力，辨识物体形象
最大视区	120°	上60°～下70°	感受形体存在，但轮廓不清
扩展视区（转动头部）	220°		

在最佳视区；对于视觉不利的因素，如强烈的眩光，应尽量安排在视野外（见图6-10）。

此外，在不同的光通量下，视野会有很大变化。不同色彩环境对人的视网膜产生不同程度的刺激，为色觉感受。通常白色视野最大，其次为黄、蓝、红，而绿色视野最小。

（2）视角

从被视物的两端点光线投入眼球时的夹角，称为视角。视角是展示设计中确定不同视觉形象尺寸大小与尺度标准的重要依据之一。一般认为，能看清物体全貌的正常垂直视角为20°～30°，能看见物体全貌的正常水平

视角为45°。布置垂直面的照片，如图文版面、绘画、书法、照片等，主视线与布置面垂直90°，才不至于产生眩光，观感舒适。因此，立面的角度应随着观众仰视或俯视灵活地设计。当照片或版面悬挂高于水平视线，应该使版面上端向前方倾斜；当版面悬挂较低时则应使版面下端向前倾斜，应保证版面与视线的垂直，这样才有利于参观者观看（见图6-11～图6-13）。

图6-10　美国非裔美国人历史和文化国家博物馆
根据最佳视区确定展示范围。

图6-11　卢森堡"快照追忆"摄影展览入口展墙
在此陈列展览的标题与概要。根据最佳视区确定展示范围，斜面展墙的角度形状显得布置区域更大，并引导参观者朝布展动线的方向前进。照片被安装在铝制框架上，背光霓虹灯点缀。

图6-12　卢森堡"快照追忆"摄影展览展墙背面
根据最佳视区确定展示范围，小幅照片组合陈列在展架上，通过顶部的灯光重点照明。

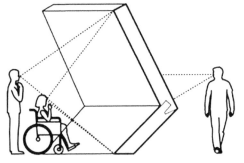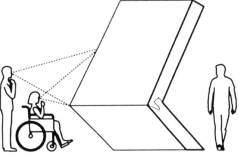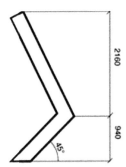

图6-13　卢森堡"快照追忆"摄影展览道具示意图
此场景设计的初衷之一是满足残障人士的使用和体验，其结构尺寸必须考虑人体工程学的要求。斜面的展墙形成的阴角与阳角效果，构成不同的视角，对特殊人群更为友好。

表6-3　陈列高度与视距的关系

展品	展品高度 D /mm	视距 H /mm	D/H
图文版面	600	1000	1.6
	1000	1500	1.5
	1500	2000	1.3
	2000	2500	1.2
	3000	3000	1.0
	5000	4000	0.8
陈列立柜	1800	400	0.2
陈列平柜	1200	200	0.19
中型实物	2000	1000	0.5
大型实物	5000	2000	0.4

图6-14　英国伦敦科学博物馆"瓦伦蒂娜·捷列什科娃：首位登上太空的女性"展览
展览通过文物和档案照片讲述了俄罗斯女宇航员的故事，展示柜内实物与版面的组合陈列，高效且多样化。

（3）视力

视力又称视敏度，是指眼睛分辨物体的形态、色彩、细节的能力。视力随视觉形象的照度值标准、被视物背景亮度与视觉形象之间对比度的增加而提高。通常情况下，视距在60~80cm时，人的视力最为清晰。在进行陈列设计时，应尽量避免视线转移频繁，信息较多的视觉元素应集中摆放，避免分散（见图6-14）。

（4）视距

视距指人眼到被视物之间的距离。不同尺度展品的陈列高度，需要搭配适当的视距，才能让人舒适。观看的视距合理与否，通常由垂直和水平的视角决定，当两者视角恰当，视距自然就合理了，通常为展品高度的1.5倍左右（见表6-3）。视距与展示空间内部的照度值一般成正比，当空间亮度较高，视距可随之增大，反之则应缩小。此外，人的视野与视距成正比，视距越大，视野也越大（见图6-15）。

（5）明度适应

人眼对光亮程度的适应性称为明度适应或光适应。眼睛从亮至暗的视物过程称为暗适应，反之为明适应。考虑到人眼的明度适应特征需求，在展示的光环境设计中，整体空间与展厅之间的过渡等应布光均匀，切忌忽明忽暗，跳跃度过大，从而造成观众的视觉疲劳与判断失误，引起身体不适（见图6-16）。

图6-15　美国纽约国际间谍博物馆
顶部播放着360°实时和预先录制的监控影像投影，观众佩戴有麦克风和语音识别功能的专用耳机，完成监视任务。

图6-16　新加坡滨海湾金沙艺术科学博物馆"梵克雅宝：宝石的艺术与科学"展览
珠宝展示的空间光环境较暗，陈列展柜等距排布，便于观众更细致地观察展品。

图6-17　卡地亚展览
薄膜围合的墙体，搭配嵌入式展柜，在红色灯光的渲染下，整个空间被营造成一个热情且时尚的空间。

（6）阴影和眩光

不适当的阴影会影响展示效果，尤其是对版面和文字。纠正的办法是正确布置光源位置和采用多点光源布置，使阴影弱化。有时候，阴影也会造成一些特殊的效果，尤其是在一些场景中，光影运用得当会令场景的效果更加引人入胜（见图6-17）。

特别要注意的是，眩光是不当照明带来的后果，也是展示设计中需要解决的问题之一。眩光指光源通过光滑的反光物体反射后，射入观看者眼中，给观看者造成不适。通常可分为直接眩光和间接眩光，前者是由于光源的光线直接照射到眼睛上，后者则是通过其他物品折射而引起的眩光。眩光会引起视力减弱，产生不舒适的视感。展示设计师在布置光源时需仔细考虑光源的位置与投射方向，可利用灯罩的保护角，或是采用亮度低的光源（如日光灯）等方式。此外，在布置展品，设计立面造型时，也要考虑这一因素，若使用光滑的表面材料，如不锈钢、玻璃等，应注意避免间接眩光破坏展品形象的完整性（见图6-18、图6-19）。

图6-18　英国伦敦"香奈儿 X ID：镜之迷宫"展览
镜柱棱边反射的光影，构成了虚幻迷离的空间。

（7）视错觉

视错觉是视觉形态受光、形、色等视觉要素的干扰，在人的视觉中所产生的错误感觉，即知觉与客观实在的物象之间存在着不一致的知觉错视。在视觉艺术中，因人的视觉生理原因而产生的视错觉现象非常普遍。在平面设计中，经常可见某图形与另一图形互相影响；一个图形比另一图形显得小或大，或显得扭曲等。一般而言，展示设计中涉及的视错觉分为：图形与图形之间互相影响而产生的畸变现象；图形与背景之间互相转变的视错现象，即"图-地"反转的现象。利用视错觉，可产生多种展示形态的变化。

图6-19　美国华盛顿国家邮政博物馆
合理的照明方式，避免直接照明，对展示的视觉效果有重要影响。

图6-20 墨尔本维多利亚国家美术馆"埃舍尔 X nendo：两个世界之间"展
"视错觉"构成了金属森林，看似凌乱的黑色框架，只有在特定的角度，才能构建出稳定的房子造型展架，趣味性丰富；折射的镜面玻璃，又使空间错综复杂。

图6-21 墨尔本维多利亚国家美术馆"埃舍尔 X nendo：两个世界之间"展"蛇屋"展区
黑白的正负形空间，连绵成一条蜿蜒的通道。

图6-22 纽约卓纳画廊"草间弥生：生命庆典"展"无限镜屋"展项
界面上的反光半球在镜子构建的空间中，被无限重复映射，仿佛飘浮在空中的气泡一般。

① 由于看法不同，局部形态出现前后进退变化。

② 由于视点不同，形态随位置改变（见图6-20）。

③ 由于观点不同，同一画面产生不同意义。

认识这种现象，一方面可以避免产生不利影响；另一方面更有趣，可以利这种视错觉的规律来创造出一种别出心裁且耐人寻味的意境，使展示过程更加幽默、诙谐。在展示设计中，可通过固定视点、外形修正、镜面折射等技巧，利用视错觉规律进行巧妙设计（见图6-21、图6-22）。

6.3.2 视觉的运动规律

人眼的视线习惯从左至右，从上至下有序地流动，环形时以顺时针方向相比逆时针方向快，这一规律受书写阅读习惯影响而成，因此，展示内容的次序排列应适应人的视觉运动特征。人眼最佳的视觉范围，依次为左上、右上、左下、右下，可根据这一特性来制订适宜的版面形式和排列顺序。此外，按照这一特性，平面布局的人流动线按顺时针方向组织更为恰当。

人眼的视线水平方向运动比垂直方向快，且不易疲劳。对水平方向的尺寸与比例的估算，较垂直方向准确。因此，视频设备和投影幕等多以横屏的方式出现。

人的视觉运动并不是连续的，而是跳跃式的活动，最短的视觉时间在0.3～0.7s。一次跳跃的距离大小与文字内容的熟悉度相关，一般为两三个词的距离。由此，在文字排版时，要注意页面布局尺度，不宜过宽，以便于阅读。

人眼对展品道具的直线轮廓比曲线轮廓更易接受。如果采用两种的轮廓变化，空间则更显得更为丰富。

接近性法则：黑点间上下间距小于水平间距，视觉上纵向成列。

相似性法则：将黑点横向颜色更改，视觉上排列方式变为黑三行、白两行。

连续性法则：由视觉的连续性，视觉上分隔的黑点形成曲线的形式

封闭性法则：感觉在三个黑点中，嵌入一个白色三角形（见图6-23）。

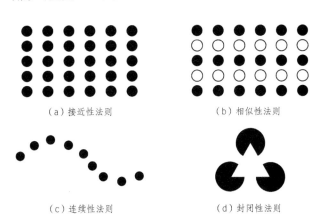

（a）接近性法则　　　　（b）相似性法则

（c）连续性法则　　　　（d）封闭性法则

图6-23　视觉的运动特性

6.3.3　视觉传达效率的提高

从某种角度，可以将展示设计看作是一种视觉传达系统设计，它的最终目的如何更高效地通过视觉传递信息；或者说，让观众能看见策划方想传达的信息，屏蔽其他无关因素。根据这一目标，首先应以整体的角度对信息进行组织，分清主次，恰如其分地运用视觉的传递能力。对于某些信息的表达要加强，有的则要减弱。下面从视觉的生理和心理角度，分析提高视觉传递效率的几种途径。

（1）增加信息的绝对强度

这是展示设计中最常用的手段，为了吸引观众的注意，可以通过将展示中的字体或标志做得更大、更醒目，使色彩的饱和度更高等方式，来吸引人们对信息的关注。这种方法主要是使被传递的信息在强度上高于其他信息，突显重点，自然就忽视其他信息。为了达到刺激反映，必须要达到一定的量。关注程度的快慢，与刺激强度成正比。但信息强度的提高并不是无限的，过度的视觉信息会提高接受者的生理"阈值"，使之"视而不见"，不利于观众的生理和心理健康（见图6-24）。

图6-24　上海钱学森图书馆
版面设计中，通过醒目的标题文字增强信息的传达强度。

（2）增加信息的相对强度

刺激物通过弱化环境及次要视觉信息的方式来突显主要信息，以达到"于无声处听惊雷"的效果，这种方法在现代信息传达设计中被通用。与增加信息的绝对强度不同的是，增加信息相对强度的方式主要是采用对比的手法，来减低和弱化非主要的信息，使那些不需要直接传达的信息被其他的因素"屏蔽"起来，在一定限度内，这种对比度越大，人对这种刺激物所形成的条件反差也愈敏感。设计中若无对比的反差，必然会显得刻板平淡，使参观者的视觉迟钝，由此产生厌倦的心理感觉而终止视觉的进行。对比的具体形式可以有形状、色彩、大小、粗细、明暗、动静、直曲、方向等表现，如使用重点照明，被照明的物体突出了，自然处于阴暗处的物体就被弱化了（见图6-25）。

图6-25　美国纽约城市博物馆
通过重点照明进行对比，强化信息的传达。

（3）利用人的视觉习惯

一个多维量的视觉形象要占用多维的信息通道，这是不言而喻的，但实验证明，随着人们对这个形象的逐渐熟悉，中枢神经传递这个形象占用的信息通道会愈来愈少，速度也会愈来愈快。如辨认外文单词，开始时，必须逐个字母辨认，但熟悉这个单词后，只随便扫一下便能辨认出。这说明，人在视觉信息传递的过程中，随着传递次数的增加，可以自动地省略一些无关紧要的细节，而把多维量的信息抽象成一个简单的符号来传递和贮存。根据这个事实，将视觉信息与人们熟悉的某种形象或符号建立联系，如用形象符号代替特定的文字，可以大大提高信息的传递效率。

图6-26　2015年德国科隆国际家具生产、木工及室内装饰展览会某品牌展台
曲线应用于展台设计中，纯白色的莫比乌斯环造型的纸制品展台，在视觉上纯粹而简约。

（4）选择最有效的信息表达方式

在人的知觉中个，不同信息通道的信息传递率是不同的。实验表明，人眼对一条直线在方向上的变化比其在长短上的变化要敏感一些，对三角形比圆形更敏感。这表明，不同的信息表达方式对人视觉的冲击力是有差别的。在展示设计的传达体系中，要根据需要选择最有效的表达方式（见图6-26）。

（5）联觉现象的应用

人体的知觉和感觉往往是彼此相联系的，它是人的生理活动的一个重要方面。人的感觉器官受到的外界刺激往往是综合的，如视觉看到火随之感受到温暖，看到海洋则感受到冰冷，这就是联觉现象。本来单个通道的刺激能引起该通道的感觉，现在同时唤起了其他通道的兴奋，产生关联，这就是联觉。在展示设计中可以充分利用这一特征，丰富展示的效果表达。如通过背景音乐，让参观者能沉静心情，渲染展示氛围；交互式的展项，刺激了受众的视觉、听觉、触觉等，使之产生联动，调动了他们的感官体验，与展项之间互动，提高了展示信息的传达效果。

思考与延伸

1. 在展示设计中，人体工程学研究的领域包括哪些方面？
2. 掌握展示设计中人体工程学的相关尺度。
3. 视觉要素如何更高效地视觉传达？

第 7 章 展示版面设计

展示版面设计的目的是高效地传播信息，通过版面，观众可以清楚地了解到展示活动的主题和详细内容，涉及版式设计、文字设计、图片与图表设计、版面的装饰与版面材料的选择、制作技术的应用等。适宜的版面设计，会引导参观者更深入地了解展示内容，并且调节他们的观看情绪，使展示的整体效果得以发挥。

7.1 版面设计

7.1.1 版面的总体设计原则

版面设计是展示活动的重要组成部分，涉及平面和空间两大视觉传达的内容，疏忽任何一方都会影响到展览的整体质量。平面内容上，需要处理好每块展板上的图文关系，保持单独展区内展示版面的统一性；在空间关系上，需要有丰富的变化，使版面能够与展示空间、展示主题、展品及展示的整体氛围相呼应。

通常，设计师根据展示的整体设计要求，对展陈区域内所有版面制订一个统一的设计标准，包括各个展厅大标题版的式样与材料；分级标题的形式、位置、字体；图文版面的版式、色调、图片形式、文字排列等。总版式是各个分区版式的设计依据，保障了分版式之间变化而统一的原则；分版式需要在总体版式确定后，根据展示主题内容具体安排，其设计形式和风格需要在总版式的前提下进行（见图7-1）。

7.1.2 版面元素

在版面设计中，一些与版面设计有密切关系的元素能对整个版面的视觉效果起很大影响，通常由正文、标题、图片、分栏、留白等组成，我们将它们称为版面元素。版面元素是展板编排布局的整体表现形式，反映了版面主题及个性。

展示版面是否能够可观、易观、吸引观众，在一定程度上取决于版面的效果。版面设计的核心是要处理好版面元素之间的关系。除此之外，还要处理好主要与次要、图片与背景、群组与间距、四角与对角线以及留白的问题。

在这里，值得一提的是版面的留白处理，它在视觉效果中往往有着意想不到的作用。美国一位著名的出版人对报纸上的空白有过十分形象的比喻，他说："读者在密密麻麻的版面上看到空白，有如一个疲倦的摩托车手穿过深长的山洞后瞥见光明。"塞得满满当当的版面，会让参观者无从阅读，下意识地忽略。而版面中适当的

图7-1 上海交通大学校史博物馆立式版面展开图
展厅的版面设计按照总体设计原则有序排布。

图7-2 美国纽约当代艺术馆
版面中留白效果，便于观众浏览信息时能一目了然。

图7-3 表现手法的变化统一
展厅内造型灯箱之间需注意版面间的相互关系，色彩统一、位置一致、文字大小协调等问题。

空白处理可以使人在阅读、观赏过程中产生轻松、愉悦的感觉。一般而言，标题越重要，就越要多留空白，便于观众浏览信息时能一目了然，加深印象；而照片上面的空白也千万不要随便用文字或其他内容来填充，相应的版式也可以随图片的外形精心设计（见图7-2）。

7.1.3 版面的构图法则

展示空间中的版面设计，首先要考虑整个展示的内容、性质和展示空间的风格，在整体统一的原则下进行统筹策划和设计，注意版面间的相互关系，色彩统一、位置一致、文字大小协调等问题。再次，它也不完全等同于平面设计中的版式设计，除了有形态上的点、线、面及二维空间的变化，还涉及展示整体的三维空间的造型、色彩、照明、材质表现手法上的变化（见图7-3）。

版面设计的构成往往要根据每块版面的立面布局形式，展板的基层材质等，选择合理的宽幅大小，再由此设计合理的比例，对文字、图像等进行合理的构成安排，以获得良好的视觉效果，在设计中应注意以下形式法则（见图7-4、图7-5）。

① 比例：指版面边框的长宽之比，文字、图片与版面面积之比以及文字之间、图片之间的关系比例等。要获得良好的版面效果，必须注重版面形、色、线等素材之间具有良好的比例关系。

② 重力：其视觉感受由其所处位置决定，是人的眼睛在垂直平面上受到重力影响的内在经验感受。一般位于版面上方或左面的形象常常能引起人们轻松、飘逸和自由的想象，而位于版面下方或右面的形象则常常给人以压抑、束缚、沉重、稳定的感觉。

③ 中心：主要体现为视觉中心，一般在版面中心位置的偏上方。人们根据自己的视觉经验，总觉得几何中心太低，只有视觉中心才感觉舒服、符合审美要求。这就是重力因素导致的视错觉现象。

④ 对称：在版面的中间区域设一条垂直线或水平线，其上下或左右的图形对应，有庄重、大方、稳定之感。此外，采取近似对称或在对称中包含不对称的设计，其效果更为奇妙，耐人深思。

⑤ 均衡：体现在构图时质与量在视觉上获得的平衡，较对称形式更为灵活，能够引发观众的情感效应。

⑥ 韵律：即几个部分或单元以一定的间隔成组产生的律动感，是一种艺术的表现形式。可以形成动线、字体或图像的组合，在图与底的关系中体现，带来活力和动感（见图7-6）。

⑦ 对比：将质与量有明显差异的要素组合在一起，使人感到强烈的对照，常有色调、明暗、大小、动静、多少、粗细、疏密、轻重、垂直、水平等方面的对比。

⑧ 分割：分割形式丰富多样，如十二等分网络法、自由分割法以及倍率分割法等（见图7-7）。

7.1.4　版面的构图形式

展示版面是标题、文字、图片灯多个内容组合成的系列表现形式，在展示空间中对展板内容和版式形式要统一协调，各独立版面要有自己的内容和构图形式，且群组间存在系统关系。在一组版面中若要把标题、图片、文字、展品等组织好，通常会用重复、渐变、对比的方法。

图7-4　2018年意大利威尼斯建筑双年展意大利馆"群岛"展区
版面的构图法则与视觉高度的关系。

图7-5　2018年意大利威尼斯建筑双年展意大利馆"旅程"展区
8本巨型"书籍"营造了沉浸式旅行的体验，代表着行程指南，展示着8个典型区域的研究路线，夸张且强烈的对比让人不禁沉迷。

图7-6　中国国际设计博物馆"包豪斯学校创立100周年纪念特展"
图与底的疏密相接构成了版面的韵律感。

图7-7　2014年意大利威尼斯建筑双年展意大利馆
版面构图可根据内容、主题的需要做恰当的分割、组织，使主题突出、层次分明。

（1）重复构图法

分为整体重复和局部重复。整体重复是确定一个标准的构图后，每一个组合部分的版面都遵循这一构图，凭借信息载体不同而产生变化；局部重复是版面的某一局部构图，在版面组合中重复出现。例如，在单元分标题下，选取版面构图的左上方设标题，其他展板也以此类推，版式设计中大多使用这样的构图，让参观者对于分项展区一目了然（见图7-8）。

（2）渐变构图法

首先要确立一种渐变的形式和顺序规则，然后按照组合秩序进行设计，具有规律和形式多样的特点。这样的方法既能增加版面构图的方式感，又能加强组合版面间的联系统一（见图7-9）。

（3）对比构图法

对比为利用版面局部和整体之间的不同构图方式、不同色彩关系、不同的版面材质形成的版面对比效果。应注意在对比中求变化，在变化中求统一，展板设计最重要的就是在变化的同时又整体统一（见图7-10）。

图7-8　2017年东京DESIGNART设计艺术节
重复构图的版式设计，使展示内容一目了然。

图7-9　英国伦敦设计博物馆
版面按照组合的秩序进行设计，显得规律而多变。

7.2　文字设计

文字是版式设计中最主要的信息传递载体，每个版面上文字或多或少，甚至有时版面以纯文字的形态出现，直慑人心。文字设计的空间较大，英文字体因其书写简练流畅，有相对较好的视觉效果，字体的选择变化较多，有时还可结合图形化设计。汉字则是类似矩形的方块字，笔画繁简不一，编排起来稍规整严谨，标题文字处理相对多变，可有变形、夸张、形象化等的艺术效果处理；而段落文字编排时，一般只能在字间、行间、段间等调整变化，达到点、线、面结合的视觉效果（见图7-11）。

7.2.1　文字的形式

版面上出现的文字一般有大标题、副标题（或小标题）、正文、图片说明和图表及数字等。这些文字的各种视觉因素，如字体类型、大小、行距、字间距及书写色彩等构成了设计的要素，设计师必须精心设计。

在版面设计中，需要考虑文字在整个版面中形成块面的形态，文字段落的开头、收尾、版面中的分栏需要相互协调。版面文字应准确、生动、规范、简练并具有逻辑性，文字设计应针对不同展示内容和主题，配合不同字体及表达方式。

版面设计中的文字，一般具有两大功能：一是作为向观众传达信息的视觉符号，旨在传递字意与语意，它的造型是为阅读功能而确定的。二是作为装饰图案的美学符号而存在，是文字图形化的表现，以字体的笔画及结构作为图像变形的元素，对其进行艺术化的设计，使文字更富有意象化、创意性和感染力，表达深层的设计思想，打动人心（见图7-12、图7-13）。

图7-10　雀巢体验馆
看似不同构图方式、不同版式的设计，实则在变化中又整体统一。

图7-11　2018年意大利威尼斯建筑双年展西班牙馆
展示空间内的文字通过变形、夸张、形象化等艺术处理，还可通过色彩、照明等方式突出。

图7-12　2016年意大利威尼斯建筑双年展意大利馆
纯文字版面结合图形化设计方式，使单一的模式更富意象化、创意性和感染力。

7.2.2　文字编排的要素

在文字的视觉编排上，针对段落文字的设计，主要体现在关于不同分级的字体、字号的运用和对于字距、行距的把握。

（1）标题

标题是对展区内容的高度概括，版面设计时特别要注意标题的问题。一般大标题采用的字体比较规范，不同展区之间的标题往往相互联系，有相似的版式，需要显得庄重，且具有强烈的视觉冲击力（见图7-14）。副标题是对标题内容的补充说明，用较标题略小字号或不同的字体来表现。此外，大小标题之间要有明显的大小阶梯变化，使主次关系一目了然。

（2）字体与字号

当设计介绍展项或展品内容的标题文字时，其字体的选择需要考虑展示的内容，并与整个展示风格相协调。如黑体、宋体常用于正式场合的标题、严谨慎重的文字说明；隶书、魏碑用于表现历史与文化、传统等主题；楷书、行书等则比较轻松与活泼，可作为版面的装饰、诗句、语录等的字体。

文字字号的变化以字体大小表示，通常是根据版面而定，一般小号字使版式细致严谨，大号字更有冲击力和直观性。此外，若要文字版面的编排得当，文字层次要清楚，大小要适宜，必须确立字体、字号层级，例如：大标题为一级，小标题为二级，正文为三级，为了体现各层间的关系区别，三级字号差距应比一、二级间差距小（见图7-15）。

图7-13　2015年首尔国际版式双年展
图形化的文字形成了特殊的展示效果。

图7-14　日本东京森美术馆
文字编排的要素，标题之间往往相互联系。

图7-15 美国非裔美国人历史和文化国家博物馆
版面文字式样、大小根据展示形式各不相同，但又遵循一定规律。

（3）字距与行距

按照视觉的运动特性原理，一般正文文字的行距需大于字距（除非追求某种特殊效果），不宜排得过满或太空，行距与字距之比为3∶1或4∶1，才会看起来舒适。只有适当的行距才会形成一条明显的水平空白线，让段落文字疏密相间，视觉舒适，引导阅读者的目光延续至下一行文字。有时，为了突出设计表现力，加强版式的装饰效果，也会有意识地加宽或缩窄行距，体现独特的审美意趣。例如，加宽行距的版式可以体现轻松、舒展的情绪，通常被应用到娱乐性、抒情性的内容里（见图7-16）。

计算机软件排版时，特别要注意字距与行距的关系，视觉上的点要转化为线化，再成为面化，并使文字段落的两端对齐，标点符号不出现在行首等。尽量避免标点符号纵向成列造成垂直的空白。

图7-16 上海当代艺术馆"迪奥小姐：爱与玫瑰"展览

7.3 图像编排

图像之于版面设计，起着吸引视线、增强效果的作用，它与文字是相辅相成的，是为更好地诠释展示信息而存在的表现形式。传播学的研究表明，读者浏览报纸或版面往往从图像开始，然后转到标题，最后才落在文字上，可见图像对整个版面视觉传达效果所产生的影响（见图7-17）。

图像可分为图片、图案和图画，图片多为通过照相机拍摄的照片或电脑制作的像素图像，图案常指几何图形，有纹样、符号、标志等，图画则是以手绘的方式完成的平面图像，常指各种绘画作品，如油画、国画等。其中，具象图像的认知度较高，观众能够更加直观地获得信息，但图形想象空间较小；而抽象图像的想象空间更为宽广，但有时受个体差异的影响，如文化背景、主观意向、认知能力等，理解会有所偏差。通常，在版面的设计中要注意以下几点。

7.3.1 图片的应用

首先要明确展示的主题，选择一系列能明确反映主题的照片或图片，而不是单纯选择画面美观但主题暧昧不清的图片。图片整体色调和内容形式尽可能和谐统一，尽量避免在后期编排时版面过于"花"而"乱"的结果。同时，为了视觉效果，上版图片应考虑到制版成品后的像素问题，最好选用高清图片。如果资料缺乏，但又需要以图像的形式直接展示，可按版面设计的尺寸和要求，以绘画形式来代替照片，通常历史性、革命性的题材会使用巨幅油画等来再现历史事件或场景。

大多数图片需要经过后期软件调整才能上版，通常利用 Photoshop 等图片编辑软件，从契合版面内容并兼顾审美艺术的角度出发，有选择性地剪裁图片，保留最完整、直白的信息部分。然后，通过编辑色调等方式，调整图片的色彩、明暗关系、颜色校正等，获得最佳的展示效果。

综上，从视觉效果上看，一个版面中的图片尺寸不宜过满，应均布或疏密相间，但要适当留白；图片尺寸的变化宜有模数关系，才能构成一定的韵律，视觉感受良好；版面上的图片，相互之间，人物的比例、色彩关系等需协调一致；最后，还需注意上版图片的色彩与背景色或背景图案之间的关系，要做到主次分明（见图7-18）。

图7-17　德国柏林犹太人博物馆
图像起着吸引视线、增强效果的作用，是最直接的表现方式。

图7-18　法国克里孟梭国家博物馆
版面的装饰图绘，使版面变得更加生动，具有艺术气息。

图7-19　韩国水原三星创新博物馆
相较文字，图表能更为迅速、清晰地表达展示内容。

7.3.2　图表的应用

　　一些数据分析的统计比对，常会用图表代替文字说明。版面使用的图表形式一般采用形象化的手法，形式多样，常规的有数字图表和综合图表。图表必须简洁明了，使反映内容简化精练，又确保其中的文字易于阅读，便于观众直观了解。可以根据不同内容，选择不同的图表形式：线段或色块的长短、大小对比，坐标系、百分比的形式，用色彩的明度和色相变化表达事物的变化，文字和数字的综合运用，方框图表格。此外，还可以通过视觉图像来传达相关信息，如地图、图解等（见图7-19）。

　　应用图片与图表时应使其与整个版面保持一定的比例，过大或过小都会使人观赏时感觉不舒服，同时也要注意与文字、标题间的距离。此外，每一版面应该有一幅主导视觉形象的图片，突出主题，鲜明美观。对于排版的一个共识是，当版面上有多张图片时，往往选择一张图片，使其在面积上比其他次要图片至少大一倍，作为整个版面的主导。

7.3.3　影像的应用

　　随着当代展示设计的发展，版面的形式不再局限于传统展示中静态的图文版面、实物模型等，动态的影像、幻灯片、触摸屏形式等能够储存更多的信息量而占用较小的空间，更为直观地将展示内容呈现给观众。同时，这种交互的方式也在一定程度上提升了观众的参与感和满足感，在记忆中停留的时间更长，从而提升了展示的整体效能（见图7-20、图7-21）。

图7-20 中国国际设计博物馆
包豪斯学校创立100周年纪念特展，当代展示设计版面，由传统的静态图像变为动态的视频。

图7-21 2018年意大利威尼斯建筑双年展"现在登机：作为城市空间的未来机场"展
版面中影像的应用，极大地拓展了展示的信息量。

7.4　版面装饰

版面装饰，主要是指用线条、图案、色彩等通过点、线、面的组合与排列等方式，强化视觉效果，美化版面，提高信息传达的功效。一般来说，版面的设计要以文字为主，图案为辅，装饰起到引导阅读、美化版面的作用。不同类型的版面，有着不同的搭配方式。版面的装饰因素有版面的嵌线和色彩的搭配（见图7-22）。

7.4.1　版面的装饰

版面的嵌线能引导观众的视线，使之有选择地浏览到设计师希望观众看的部分，同时也能切割正文，缓冲大段文字阅读形成的乏味感，有时也起版面的装饰作用。垂直嵌线一般只在分割文字栏不明显时才使用，水平嵌线主要帮助观众迅速找到相应信息，不同粗细的嵌线表明了不同部分的重要性。

此外，装饰采用的纹样或其他装饰形式，必须在风格和格调上与整个展示的风格、格调一致。版面装饰的主要作用是在必要的时候活跃版面，弥补版面设计上的不足。要运用得当，恰到好处，宁可无装饰，也不要滥用装饰（见图7-23、图7-24）。

图7-22 上海消防博物馆
版面设计与立面装饰造型巧妙结合，使空间富有场景性。

图7-23 丹麦国家海事博物馆
以醒目的黄色线框和文字作为版面的装饰。

图7-24 英国伦敦"走进香奈儿"展
卡通墙绘模拟场景空间。

图7-25 俄罗斯莫斯科犹太人博物馆和民族宽容中心
黄色的背景图片,既统一整体色调,又烘托展示氛围。

图7-26 美国"9·11"国家纪念博物馆
版面选用红蓝相间的色彩处理产生张力,吸引观众的关注。

7.4.2 色彩的搭配

色彩是版式设计中对人的感染力最关键的因素之一,每种色彩都有独特的情感特征。色彩的搭配,又会产生新的特性,同样的版面内容,在设计时运用不同的色调,会使观看者产生不同的心理效应。色谱中邻近的色彩会产生和谐的感觉,如蓝配绿、黄配橙;若想产生张力,迅速引起观看者的注意,应使用对比色(互补色),如蓝配黄、红配绿等(见图7-25、图7-26)。

色彩搭配在版面装饰中的运用主要体现在烘托展示氛围、体现展示主题上。整个展示设计应有一个主体色调,然后根据需要加上相应的辅助色,使之在整体的统一之中又有吸引人注意的局部变化。但切勿过度使用色彩,让人眼花缭乱,分散观众的注意力。

色彩与文字组版时,要以阅读的便利为主,然后再考虑版面的装饰效果。一般为了保证整体版式的和谐及文字内容的易读性,只有在较大的标题上才用色彩衬托。背景色与文字色的各种对比能产生不同的效果,如黑与白的对比远远大于黄与白的对比,可以根据需要在这一范围内选用合适的对比度。又如:使用淡色调,低纯度的20%的黄色背景,组合黑色字体,会使字体特别显眼。

7.5 版面材料与制作技术

展示版面的布置是一项集设计、工艺、材料和技术的综合性工作，展示设计的效果，必须通过具体的技术和工艺来实现。因此，展示设计师必须熟悉与版面设计相关的版面制作过程。

7.5.1 版面材料

传统上通常以纸张、布料来充当版面表面材料，将这些材料附着在版面或墙体上的过程就是裱糊。随着新材料、新技术的普及，色彩丰富的即时贴、丝网印、电脑喷绘、UV平板喷绘等，为版面的制作带来了更多的便利。

除传统的木质材料，如各种夹板、纤维板、防火板之外，现代的展示设计中常采用各种工业化的材料作为版面的基材，如各种金属板材、石材、纺织纤维材料、玻璃、塑料等。

其中，金属材料得到了大量使用，包括各种不同质感的不锈钢、铝合金、镁合金、铜、钢等板材。这类材料在硬度、强度和韧性上有着很好的性能，防水防腐，可以长时间暴露使用，光泽感是它们最大的魅力。金属材料一般具有良好的光反射和光吸收能力，光线投射时，金属材料表面会呈现特有的颜色光泽，能形成独特的材质感，在其表面通过抛光或磨砂后呈不同的亮面或雾面，给人亮丽、洁净或柔和、素雅之感。通过现代的科技手段如切割、焊接、激光等可以加工成各种造型，缺点是造价相对较高，多用于博物馆、规划馆、主题馆等工业机械、城市主题和高科技产品等常设展陈中（见图7-27）。

石材也是展示版面使用较多的材料之一，具有抗压耐磨的特点和重量质感，其自然纹理和天然色泽能体现淳朴古拙的风味。而经过研磨、抛光处理的石材表面光泽亮丽，又能产生豪华典雅的氛围。常用的石材有天然大理石、花岗岩和人造的文化石、饰面石等。石材大多用于文化气息浓厚、长期保存的展示环境中，如博物馆、历史纪念馆的序厅、尾厅及标题展板等。

纺织纤维织物造价成本小、柔韧性好，具有一定的弹性和抗拉伸性，在展示环境中有吸声、隔声、遮光、吸湿和透气的作用，能产生柔和亲切的感觉，通常分为天然纤维和化学纤维两大类。天然纤维中有棉、麻、羊毛、驼毛及蚕丝纤维等，染色性、手感较好，但防霉防潮等能力较差；化学纤维在这方面优于前者，且弹性好、耐磨。在展示环境中纺织纤维多用于悬挂展示，其纹理图案可以设计制作，光线的穿透又能产生半阻挡，既分割空间，又形成透气轻盈的空间。纺织纤维用于展示柜底面、墙面的装饰背板，古朴而淡雅，一般用来衬托文物类展品的展示（见图7-28）。

玻璃材料的种类很多，在展示设计中大多用的是高强度的钢化玻璃、热反射玻璃（镀膜玻璃或镜面玻璃）、中空玻璃、夹胶玻璃等，这些玻璃大多有吸光、

图7-27 2018年意大利威尼斯建筑双年展德国馆
以金属板材为基层的展板造型。

图7-28 美国纽约城市博物馆
软性的纺织纤维材料上重复的图形冲击力强。

图7-29　张之洞与武汉博物馆版面设计
大通柜内用以展示实物，表面玻璃面板上以丝网印的方式展示文字
介绍，虚与实之间，形式丰富。

隔声、抗震、抗压的性能。透明的玻璃展板多使用丝网
印刷或"即时贴"的图文版面，在分隔展示区域的同
时，也没有完全切断空间与观看者的视觉交流，形成通
透的展示效果（见图7-29）。

　　塑料在展示设计中的运用也非常广泛，它具有可塑
性强、色泽艳丽、投入低廉、可回收再利用、更注重环
保的特点，如PVC板等。塑料中还有一些具有特殊效果
的材料，如各种发光装饰材料、各色反光材料等。

　　需要注意的是，版面材料的运用要与展示的环境相
融，尽可能地使用与展示氛围不冲突的材料，以衬托整
个展示的氛围。

7.5.2　版面制作技术

　　文字的书写、制作或固定是版面制作过程中一项颇
费功夫的作业。在一些常设展示中，往往采用丝网印刷
的技术，用于金属展板、玻璃展板等，可在全黑的基层
上作纯白印刷，立体感强，字体不受限制，不易褪色，
但需要工厂预制，现场整版安装。

　　此外，常用"即时贴"电脑刻字的工艺来制作。制
作过程如下：在电脑软件中设计出相应版面、底板与文
字版式，由电脑雕刻。计算好整段文字的总数（包括标
点符号），设计好每行字数，字的大小、字距、行距，
排版时尽量避免标点符号纵向成行、标点符号出现在行
首等。"即时贴"常采用预先制作、现场安装的方式来
制作版面。粘贴相对耗时，但其反复粘贴的特性，对于
展板文字，现场即可做修改，十分便捷。

小贴士

　　UV平板喷绘在现代展示空间中的利用极高，
相比传统的版面，主要有以下特点：宽幅受限
小；适用材料广泛，可直接喷绘于木、金属、铝
塑板、瓷砖、亚克力、PVC卷材、纸张、软膜、
织布等各类材料上；图案可定制，打印精度高；
造价可控。

　　对于一些文字较多，或文字与图片结合在一起的版
面，可利用电脑图像处理软件，运用图片编辑及滤镜特
效，使用高精度喷绘的方法制作版面。此外，UV平板喷
绘技术让版面的基层不再局限于纸张，可利用不同的媒

图7-30　宁波帮博物馆
UV平板喷绘技术使版面的材料、尺寸不再受限，使得展示空间的媒
介变得生动而丰富。

图7-31 2014年意大利威尼斯建筑双年展意大利馆
散落的灯箱版面，改变了习以为常的观看视角，让整个空间变得更加灵动。

图7-32 张之洞与武汉博物馆张之洞"遗迹"索引展区
昏暗的展厅内，投影影像营造了一个静谧空间。

介物，如金属、玻璃等各种肌理的平板材料直接打印版面，形状不再受到限制，效果更佳（见图7-30）。

在版面或展示的其他部分，对于重要标记的字体或图形，常采用立体形、特殊质感等来强调，通常需用金属或其他材料，通过电脑雕刻的方法来制作，粘贴于展板或作为墙面。

此外，许多展览也常常采用内置灯箱的做法。在亚克力灯白片内，放置深色背景、浅色文字的图文版面，开启电源后，光线只能通过浅色文字及图片，使之色彩更鲜艳，并经久耐用，不会褪色，较常用于室内展示环境较暗、依靠灯光局部重点照明的展示氛围中（见图7-31）。

材料的多样化，结合现代技术高效、便捷的手段，使展示媒介不断发展并革新，让设计师的选择有了很大的余地，如何在现有的基础上发现更行之有效的材料和技术，仍需要不断探索（见图7-32）。

思考与延伸

1. 展示的版面设计包含哪些内容？
2. 版面设计的构图法则和构图形式有哪些？
3. 简述版面材料与制作技术的趋势。

第 8 章 展示照明设计

在展示设计中，良好的照明与艺术化的光影效果是设计师渲染空间氛围、塑造空间个性的重要手段之一，展示环境对于光环境的依赖是其他室内空间所不能比拟的。某种程度上，光照效果决定了观众看到的物体的颜色，不同形式的照明会直接作用于物体的形象，由此影响整个展示空间的色调、氛围和环境效果，它对于观众的心理和情感影响也是最为强烈与直接的。因此，展示照明设计最需要解决的问题是：建构恰当的光环境系统，以更好的方式承托展品与展示空间，运用独特而鲜明的灯光来渲染气氛，吸引观众并使其印象深刻。

8.1　照明设计的基本原理

8.1.1　照明设计的基本原则

对于现代展示设计而言，照明设计在塑造空间环境中的重要性不言而喻，它对于确立整个展示空间的风格与特色，塑造展示形象等方面都至关重要。在展示照明设计过程中，首先需要遵循以下基本原则。

① 展品陈列区域的照度，应比观众通道区域的照度高，可通过对比两个区域的光照强度，突出重点展品和展示区域的内容（见图8-1）。

② 光源尽可能不裸露，并且灯具的安装角度需合适，避免出现眩光现象。所谓眩光是指不适当分布的光源亮度、亮度范围和极端对比造成观众视知觉降低，形成刺眼的光线的照明现象。

③ 根据展示的陈列要求，选择不同的光源和光色，避免影响展品的固有色（见图8-2）。

④ 贵重或易损展品，尤其是文物藏品的照明需防止自然采光及人工光源中的紫外线对展品造成破坏。

⑤ 照明灯具在使用过程中必须确保防火、防爆、防触电和通风散热。尤其是采用易产生高热的白炽灯等发热性光源时，要特别注意防范由过度发热而引起事故。

⑥ 在满足照明需求的情况下，提倡照明节能，使用绿色照明。

光可以突出物体，影可以消隐物体。展示设计师需要根据不同的展示主题和内容布置光环境，有些展品本身是发光的，有些则需要其他光源的照明；有些需要在暗环境中表现，有些则要求较好的照明；有时需要强烈的色彩烘托，有时则用自然光更为贴切。通过把控光源，设计并引导观众的视线及焦点，让空间流动起来。动态而富有变化的灯光布局，可以丰富空间层次、改变空间比例、强调展示重点，对于空间氛围和色彩的创造、变化与戏剧性烘托有重要的作用。通过对整体照明和局部照明不同层次的照明处理，划分不同的空间区域，将信息传达的中心和重点突显出来。

总而言之，光环境是展示空间设计中非常重要的视觉传达媒介之一。在展示照明设计中，展示设计师一定要结合具体空间形态，合理科学地运用照明设计，渲染空间氛围，让观众能沉浸在空间环境中，流连忘返，而不是为了照明而照明。

图8-1　泰国创意设计中心清迈分馆"日本东北精美手工艺品"展
展示空间的照明设计应突出重点展品和展示区域的内容。

图8-2　丹麦国家海事博物馆
展示空间的光色运用，以暖光源表现展品，以蓝色灯光烘托氛围。

8.1.2　照明的方式

室内展示活动需要良好的光线，而光线来源主要分为自然采光和人工照明，前者通常取决于建筑空间构成，由于现代建筑的复杂性，完全的自然采光难以承托展示的基本需求，就需要合理利用自然采光和人工照明，将光色与展品、展示环境相互融合，使光影之间的对话与展示空间形态两者虚实相接，为展示活动塑造丰富精彩的艺术效果。

（1）自然采光

利用建筑空间预留的天窗或侧窗等。自然光受时间变化的影响大，不易控制，展示空间的亮度和光色有很大的被动性和局限性。自然采光一般被用于美术馆等艺术陈列空间，还会用于一些大型的室外展示活动或简易的展示装置，此外很少单独采用（见图8-3~图8-5）。

（2）人工照明

大多数的展示空间，尤其是主题性展示活动，需要构建展示空间自身的时空与维度，因而会采用人工控制照明，设计不同的光环境来陈列展品，控制灯光效果和环境氛围（见图8-6）。

（3）自然、人工混合照明

为了让观众在展示空间获得更舒适的观感体验，在美术馆、博物馆等艺术类展示空间，往往会采用两者结合的方式来达到理想的效果。除了利用建筑预留的自然采光，表现自然形态丰富的光与影，还会配合形式多样的人工照明，使展示设计师在光环境的处理上能有更多的发挥空间，以此更好地表现展品（见图8-7）。

图8-3　阿联酋阿布扎比卢浮宫
规则有序的花边圆顶灵感来自相互交错的棕榈树叶，并在日照下形成迷人的光影效果投射到白色墙体上，"光雨"倾泻而下，随着一天日照的变化而变幻角度，如梦如幻。

图8-4　轻井泽千住博美术馆展厅空间内部
建筑内一系列有机形态的采光井，将室外森林融入环境，构建了一个全自然照明的展厅。

图8-5　轻井泽千住博美术馆环形展厅空间内部
艺术家以荧光颜料绘制瀑布，渲染出整体空间。

图8-6　张之洞与武汉博物馆环形幕帘放映区
人工照明营造的神秘氛围，引人探寻。

图8-7　上海龙美术馆西岸馆
利用建筑预留的自然采光，表现自然形态的光与影，辅佐形式多样的人工照明，以此更好地表现展品。

无论采用上述哪种照明形式，都需要满足人、展品、展示环境三要素对光的需求。归纳起来，主要体现在以下几方面：首先要满足观众观看展品的视觉需要和照度要求，提供舒适的观展环境，保证展品的展出效果；其次是选用合理的照明方式，减少光线辐射对展品的损害，在满足基本照明的情况下，强化重要展品和主要展示空间的视觉效果；最后是运用戏剧化的光与影，渲染展示空间氛围，针对展品内涵和展示主题，营造各自的艺术效果；同时，展示空间的光环境也会影响观众的心理和情感反应，激发观众的幻想力和好奇心。

8.1.3 照明术语

一般照明：为照亮整个场所而设置的均匀照明。

分区一般照明：对某一特定区域，如进行工作的地点，设计成不同的照度来照亮该区域的一般照明。

局部照明：特定视觉工作用的、为照亮某个局部而设置的照明。

重点照明：为提高指定区域或目标的照度，使其比周围区域亮的照明。

混合照明：由一般照明与局部照明组成的照明。

8.2 照明的分类

在展示空间中，设计师必须了解并熟悉各种照明类型的特性，并根据展示空间的主题和要求来进行照明设计。

（1）直接照明

直接照明大多采用顶部照明方式，光线直接照射到版面、展品等，室内光线由此均匀分布，是最普遍和常见的方式。优点是覆盖面积大、遮挡性小，空间亮度大，明暗对比弱化，空间的光环境具有整体性，但易产生眩光（见图8-8）。

（2）间接照明

间接照明指照明光线射向特定物体后再由其反射至版面或空间。其受光均匀柔和，无眩光，有很好的表现力，用来创造环境氛围和一般性照明（见图8-9）。

（3）漫射照明

漫射照明是利用光的折射、反射及物质本身材质特性所产生的漫反射效果，均匀地照亮四周，避免布光产生眩光反应。使整个空间变得明亮柔和，无明显阴影（见图8-10）。

图8-8　美国纽约Cooper Hewitt设计博物馆
直接照明投射到版面和展品上，室内光线亮度均匀而强烈。

图8-9　美国纽约古根海姆博物馆
间接照明往往用于渲染环境氛围。

图8-10　上海中国建筑模型博物馆
漫射照明的空间照度均匀，使空间明亮而柔和。

8.3　照明设计的程序和方式

8.3.1　照明设计的基本程序

照明设计的目的是以最高效地方式展现展品，营造适宜的空间照明效果和整体环境氛围，这就需要了解各种照明形式及灯具的布置技术指标（见图8-11）。

根据这一目的，展示照明设计的基本程序如下：

① 明确展示照明设施的目的及功能意图；

② 设计展示空间的光环境构思；

③ 明确各空间所需的照度、亮度的大小；

④ 根据空间布局形式及布展需求，选择合理的照明方式；

⑤ 在满足眩光限制和配光要求条件下，选用效率或效能高的光源和灯具；

⑥ 根据平面布局，确定照明器具的布展方案。

照明设计的具体方法按照在展示照明中的功能，可分为整体照明、局部照明、版面照明、展台照明及氛围照明等，每种形式都具有其不同的功能和特点。

8.3.2　一般照明

一般照明是指为照亮整个展览或展示场地而设置的均匀照明，通常采用间接照明和漫射照明的方式。可根据场地的具体情况，采用自然光作为一般照明的主光源，人工照明为辅的布光设计，使空间环境相对柔和，降低明暗对比，弱化转角及阴影面，使空间得到舒展。此外，在一些设有电视、投影等显示设备的区域，还要通过遮挡光照等方法，减少一般照明对设备的影响（见图8-12）。

在一些人工照明的环境中，一般照明的设置可以根据展示活动的要求和人流情况，人为增强或减弱，创造富有艺术感染力的光环境。通常情况下，为了突出展品的光照效果，加强展品与其他区域的对比，一般照明常常控制在较低照度水平下，并在重点展区用聚光照明强调，但照度不宜太强。此外，除了某些区域为了有意识地引导观众和疏导人流，利用灯光的强弱做一些示意性的照明外，其他区域的一般照明都不宜超出展品陈列区域的照明（见图8-13）。

展示空间内一般照明的光源，通常采用灯棚、吊灯或直接用发光膜构成的天花板，也可沿展厅四周设置泛光灯具，营造柔和的空间环境。

图8-11　英国伦敦古罗马密特拉神庙博物馆
神庙遗址中雾气和定向光的使用，创造了寺庙残壁仿佛要从废墟中升起的错觉。

图8-12　德国柏林武士艺术博物馆
以自然光为主，人工照明为辅的一般照明，使空间环境相对柔和。

图8-13　美国纽约大都会艺术博物馆 "Manus x Machina：技术时代的时尚" 特展
这是以人工照明为主的展示空间。

8.3.3 局部照明

与整体照明相比，局部照明目的明确，可以根据展示设计的需要，最大限度地突出展品，以最好的方式呈现展品的形象。局部照明还具有划分空间、美化空间、形成趣味区域的特殊作用。对于不同的展示对象，局部照明有下述几种方式。

（1）展柜照明

封闭式的展柜通常用于陈列较贵重、易损坏或需要重点突出的展品。为符合观众的视觉习惯，一般采用顶部照明方式，即光源设在展柜的顶部，光源与展品之间用磨砂玻璃或光栅隔开，以保证光照均匀。当光源为白炽灯时，还必须考虑其安全性能，需设有通风散热设备，降低因光源热量而造成的温度升高。如果低柜陈列，则可利用底部透光方式来均匀照明，或采用带有遮光板的射灯，并仔细调节照明角度，以减少眩光对观众的干扰（见图8-14、图8-15）。

（2）聚光照明

如果展柜中没有设置照明设施，则需要靠展厅内的灯光照明，通常用射灯等聚光效果作为光源。若采用这种照明方法，就必须注意展示厅内的射灯位置，最好将其安放在离展品附近，同时调节好照明角度，减少玻璃的反光。

从总体布局上来看，整体照明和局部照明之间的亮度差距不宜过大，避免观众在转移视线时频繁受明适应和暗适应的影响，加剧视觉疲劳。但是，过分均匀的照度会让两者的照明效果差异减少，影响展示的主次效果，并造成能源的浪费。因此，选择一个合适的比例是非常必要的。就此，各国相应制定了各自的照度均匀标准。如美国规定，一般场合最低照度与最高照度之比不得小于0.7，英国、法国则为0.5。因此，在照明设计中，照度均匀水平可据此适当调整，选择合适的照度比例尤为重要（见图8-16）。

图8-14 2017年米兰时装周"大卫·雅曼：当设计遇上艺术"男士珠宝展
镜面和LED照明构成的小型展柜，用于陈列首饰类精细展品，犹如晶莹剔透的宝盒。

图8-15 2016年意大利米兰三年展
聚光照明对展品重点照明，使之更为突出。

图8-16 德国开姆尼茨国家考古博物馆
在展架内部设置灯光，使展品能互不干扰，更细致地呈现。

8.3.4　版面照明

在展示空间中，墙体、展板及绘画作品等的照明，通常为垂直面的照明，多采用直接照明的方式来布置。一种照明方式是采用设在展区上方的射灯，通过安装在天花上的滑轨来调节灯具的位置和角度，以保证灯具的照明范围适当，并使灯的照射角度保持在30°左右，避免眩光的干扰。另一种就是在展板的顶部设置灯檐，内设荧光灯，单独照亮版面区域。两者相比，前者聚光效果强烈，适合绘画、图片、艺术作品或其他需要突出的展品；后者光线柔和，适合版面文字说明等。第三种则是利用灯箱的形式，多用于光环境较暗的展示空间，可以与黑镜、铝板等反射性能较强的材质一起运用，形成柔和鲜明的自发光效果，使图文版面的显色性较好，而且相较于普通照明的版面，更为突出（见图8-17、图8-18）。

8.3.5　展台照明

展台的重点照明多用于展品需要单独陈列并有一定照度要求的场合，通过光与影可以呈现不同的立体效果，因此多采用射灯、聚光灯等聚光性较强的照明方式，通常可在展台上直接安装射灯，也可以利用天花板上的滑轨射灯。展台照明的光照强度不宜太平均，最好在方向上有所侧重，以侧逆光来强调物体的立体效果。有时也可在展台、展柜顶部或底部设置均匀的漫射照明，以此强化展台内的照明（见图8-19、图8-20）。

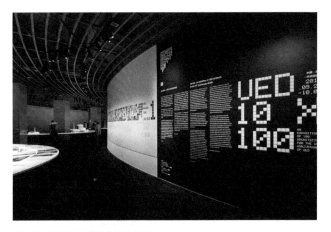
图8-17　2015年北京设计周版面照明

图8-18　意大利都灵太空新闻展览馆
在光环境较暗的展厅可采用灯箱版面照亮空间。

图8-19　北京某概念店
展台照明多采用聚光效果强的照明方式。

图8-20　韩国水原三星创新博物馆
展柜底部的漫射照明，光线柔和，有着晶莹梦幻的效果。

图8-21　蒂芙尼180年创新艺术与钻石珍品展
展示空间内采用绿色光源构成的斑驳反射营造别致的艺术氛围。

图8-22　2019年意大利米兰设计周
特别营造的光与色，赋予展品故事性。

图8-23　美国马萨诸塞州当代艺术博物馆珍妮·霍尔泽光影展
气氛照明营造的光与影的空间，极富戏剧性。

图8-24　美国芝加哥科学与工业博物馆
在蓝色光渲染的"科学风暴"展厅内，以蓝色光渲染的空间，突出
科技感。

8.3.6　气氛照明

气氛照明的目的并非单纯地照亮展品，而是用照明手法渲染环境气氛、创造特定的情调。在展示的空间内，可运用泛光灯、激光灯和霓虹灯等设施，通过精心的设计，营造出别致的艺术气氛（见图8-21）。

采用气氛照明除了可以消除暗影，更重要的目的是在陈列中制造特殊效果，如在展示空间和橱窗等环境中使用加滤色片的灯具，营造色调、效果各异的光色，塑造戏剧性的舞台效果。综上，设计师在气氛照明中必须考虑以下两个问题，即明暗处理和色彩处理。

（1）明暗处理

任何空间在照明作用下，都会形成光与影的问题，明暗对比太强，会使眼睛因眩光产生疲劳感。阴影处理也是一个关键问题，通常物体照明灯光都是从侧上方照射，会在侧面和地面产生阴影，其效果如日常所见；若将灯光从下侧向上照射，则会在顶面及墙面投射阴影，其效果与日常所见相悖，让人感觉怪诞，通常会用于空间的分割而非展品的照明；再若将多侧灯光同时照射对象，则可以减弱或消除阴影。根据这一原则，设计师可以利用不同的照明角度，制造出丰富的艺术效果（见图8-22、图8-23）。

（2）色彩处理

将灯光作色彩处理，以制造戏剧性的气氛，是照明艺术中的另一个内容。根据色彩的联想，可以用冷色调的光模拟月光，营造安逸寂静的自然效果；也可以用暖色调制出炎热的阳光或炽热的火光效果。展示或商品陈列中的灯光效果处理得当，会产生强烈的吸引效果。在做灯光色彩处理时，设计师必须充分考虑到有色灯光对展品固有色的影响，尽量不要使用对比色光，避免造成对展品色彩的歪曲（见图8-24）。

现代展示中经常将照明控制与电脑技术结合起来，根据不同的展示需求，使光源变换不同的形态。如用电脑程序来控制灯光，在场景中可创造光线渐亮渐暗等效果；也可用以模拟自然界的各种光线效果，为展示效果增色（见图8-25）。

8.4　常用照明光源和灯具

展示照明常用的光源种类繁多，每种光源又有各种类型和规格的灯具，归纳起来，大致分为以下几类。

① 发光二极管，简称LED灯，为减少能耗，已基本替代普通照明的白炽灯。LED灯具有光线集中、光束角小的特点，较白炽灯和卤素灯光效高、寿命长，更适合用于重点照明。LED灯带具有线形照明效果，用于吊顶和高差、转角间隙等；还可产生有色光，用于气氛照明（见图8-26、图8-27）。

② 卤钨灯，指填充气体内含有部分卤族元素或卤化物的充气白炽灯，具有白炽灯的全部特点，但其光效和寿命比普通白炽灯高一倍以上，且体量小，常作为射灯用于展厅、商业空间、影视舞台等。

③ 荧光灯，展示空间中常用细管径（≤26mm）直管形荧光灯，有光效高、寿命长、显色性好的特点。分为直管形、环形、紧凑型等，是应用范围十分广泛的节能照明光源。用来替代白炽灯，以节约能源。相比白炽

图8-25　雀巢体验馆
白色软膜投射变换的光色，使空间变得更为绚丽。

图8-26　邢台邢窑遗址博物馆
走道两侧的光源既能满足安全性的需求，又使空间显得灵动。

小贴士

白炽灯曾作为最常用的照明光源被广泛使用，但随着全球能耗的与日俱增，绿色照明理念的推行，2011年，国家发展和改革委发布了"中国逐步淘汰白炽灯路线图"，2018年国内基本不再使用白炽灯，并推广节能灯高效的照明光源与灯具。

图8-27　路易·威登伦敦快闪店
七彩的有色光，表现了时尚的律动，让空间炫彩至极。

图8-28　深圳某概念店
直管形荧光灯组合为有序列感的阵列。

图8-29　阿迪达斯专卖店
霓虹灯具有光色多，造型灵活的特点，在天花板构成篮球场的造型，富有趣味性。

灯，采用直管形荧光可节电70%～90%，采用紧凑型荧光灯可节电70%～80%，均可延长寿命5～10倍（见图8-28）。

④ 低压钠灯，发光效率特高、寿命长、光通维持率高、透雾性强；但显色性差，常常用于对光色要求不高的场所。

⑤ 高强度气体放电灯，常用的有高压钠灯和金属卤化物灯等。小功率金属卤化物灯有光效高、寿命长和显色性好的特点，被普遍应用于商业橱窗、重点展示等；高压钠灯光效更高，寿命更长，价格较低，但显色性差，可用于辨色要求不高的场所。

⑥ 霓虹灯，光色由充入惰性气体的光谱特性决定，呈红、粉红、白、蓝、黄色等，有光效率高、能耗低、动感强、使用寿命长的特点，其造型灵活，往往可以做成发光的文字和图案造型来渲染氛围（见图8-29）。

⑦ 软膜灯，又称软膜天花，可配合各种光源，如荧光灯、发光二极管等营造照度均匀的漫射效果，通过龙骨安装固定，造型多变，被广泛用于对照明亮度需求较高的空间（见图8-30）。

8.5　照明光源的选择、光环境设计

8.5.1　色温

照明光源的色温对照明色彩感的呈现有着最为直接的影响。当光源发射的光的颜色与黑体在某一温度下的辐射光色相同时，黑体的温度称为该光源的色温。光源色温不同，光色也不同。色温在3000K以下，给人以稳重、温暖的感觉；色温在3000～5000K为中间色温，给人以爽快的感觉；色温在5000K以上，给人以寒冷的感觉。在布展设计中，通常利用不同光源和不同光色形成最佳的展示环境。在选择色温光源时，采用低色温光源照射使红色更鲜艳；采用中色温光源照射，使蓝色具有透气感；采用高色温光源照射使物体有冰冷的感觉（见图8-31）。

8.5.2　显色性

另一方面，光源的显色性与展品的色彩还原性亦有直接的关系。光源的显色性由显色指数（Ra）来表明，指物体在光下的颜色对比基准光（太阳光）照明时的颜色偏差，能较全面地反映光源的颜色特性。显色性可分为两种：一种为忠实显色，即能正确表现展品自身的颜

图8-30　上海钟书阁
软膜灯的光照明亮且均匀，摩登城市的体块在镜像作用下，空间的维度被不断拓展。

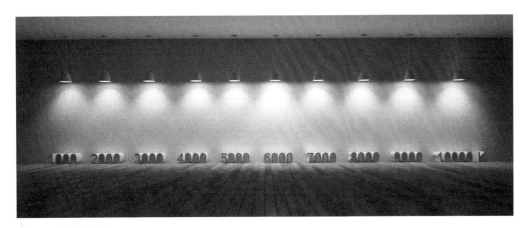

图8-31 光源色温示意

色，需使用显色指数高的光源，其数值越接近100，显色性越好；另一种为效果显色，即要强调特定的色彩，可用加色法来加强显色效果，使照明氛围更显浓郁。

对于不同的展示对象，需选用合理的照明光源和灯具。对重点展品要采用重点照明，宜选用带反光或聚光装置的投光灯或射灯；对需要均衡照明的对象，如文字、图片等，宜采用发光柔和的荧光灯；对色彩分辨要求比较高的展品，宜用显色性好的光源，如光色接近日光的荧光灯或LED灯与荧光灯混合的光源等。

8.5.3 照明标准

选择光源的另一个重要原则是保护重要展品不受光源的影响，同时尽量避免辐射照度引起展品的温度上升。因此，对一些需要防止紫外线破坏的珍贵展品，如彩绘、油画和织品等珍贵文物就必须选用能隔紫外线的灯具或无紫光源，降低灯泡的辐射照度，以确保展品的安全（表8-1～表8-3）。展品的照度需考虑光和热的影

表8-1 博物馆、科技馆、美术馆照明标准值

场所	参考平面及其高度	照度标准值/lx	Ra
纪念品商店	0.75m 水平面	300	80
报告厅			
科普教室、试验区			
儿童乐园	地面		
门厅、公共大厅	地面	200	80
常设展厅、临时展厅			
雕塑展厅	地面	150	80
休息厅			
序厅	地面	100	80
绘画展厅			
球幕、巨幕、3D、4D 影院			

注：常设展厅和临时展厅的照明标准值中不含展陈照明。

表8-2 博物馆建筑陈列室展品照明标准值和年曝光量限制值

类别	参考平面及其高度	照度标准值/lx	年曝光量/[(lx·h)/年]
对光特别敏感的展品：纺织品、织绣品、绘画、纸质物品、彩绘、陶（石）器、染色皮革、动物标本等	展品面	50	50000
对光敏感的展品：油画、蛋清画、不染色皮革、角制品、骨制品、象牙制品、竹木制品和漆器等	展品面	150	360000
对光不敏感的展品：金属制品、石质器物、陶瓷器、宝玉石器、岩矿标本、玻璃制品、搪瓷制品、珐琅器等	展品面	300	不限制

注：1. 陈列室一般照明应按展品照度值的 20%～30% 选取。
2. 陈列室一般照明眩光值（UGR）不宜大于 19。
3. 辨色要求一般的场所 Ra 不应低于 80，辨色要求高的场所，Ra 不应低于 90。

表8-3 商业照明标准值

场所	参考平面及其高度	照度标准值/lx	Ra
高档商业空间	0.75m 水平面	500	80
高档超市			
商业空间	0.75m 水平面	300	80
一般超市			
仓储式超市			
专卖店	0.75m 水平面	300①	80
收银台	台面	500②	80

① 宜加重点照明；
② 指混合照明照度。

表8-4 各种光源单位照度的辐射照度

光源	单位面积的辐射照度/[mW/(m²·lx)]
白炽灯	45
带红外线反射镜的灯泡	17
带红外线吸收膜的灯泡	33
荧光灯	10
荧光汞灯	12
金属卤化物灯	10
高压钠灯	8
太阳光	10

响，表8-1～表8-3中所示为各种展示空间和展品的照度推荐值。当展品颜色较暗时，照度可以提高一些。此外，展品的最低照度和最高照度之比要在0.75以下，避免观看时感觉疲劳。

此外，展品的温度上升和辐射照度成正比，因此应选用辐射照度较低的光源以减少温度的上升。可在灯具前加装防热滤色片，降低灯泡的辐射照度。荧光灯则用普通玻璃即可（见表8-4）。

思考与延伸

1. 相比其他空间，展示空间照明的区别有哪些？
2. 展示照明设计的基本原理是什么？
3. 展示照明设计的方式有哪些？
4. 常用的照明光源和灯具的特点是什么？
5. 举例说明不同色温的光源对展品和展示氛围起着怎样的作用？

第 9 章　展示色彩设计

色彩是展示设计语言中极为重要的元素之一，它的应用是非常复杂的事情，人对事物的主观要求不同，导致了对色彩的生理和心理适应程度因人而异，不同地区、年龄、性别、文化层次的观众亦有不同的色彩偏爱。空间环境中色彩能够唤起人们内心的审美观，令人感到赏心悦目，此外更要兼顾安全、健康、方便、舒适的功能，主要表现为传递信息和营造环境氛围。前者关联的是色彩的特性——色彩的诱目性和语境性‐色彩的联想；后者关联的是色彩的心理感受‐色彩的物理感受。对于设计师而言，色彩本无优劣之分，只有成功或失败的运用与搭配。色彩设计是决定整体设计的关键要素之一。

9.1 色彩的诱目性

眼睛没有看物体，却不自觉地被物体的色彩吸引的特性称为诱目性。正是由于色彩本身的诱目性，使物体具有强烈的可识别性。有的色彩从远处看就比较显眼，有的则不然，色彩的诱目性高，意思是在众多颜色中，可以最快速地被识别到，即最为显眼和醒目。根据实验，相同背景条件下色彩的诱目性由强到弱依次为：红＞蓝＞黄＞绿＞白。

室内环境的色彩往往比较复杂，可以通过调整背景加大反差，来突出某个颜色。在上述序列中，黄色居中，但在现实中黄色却最为显眼，其诱目性也是最强的。当背景色为黑色、灰色时，强弱顺序大致为黄、橙、红……但当白色背景时，黄色则不突出，变为红、橙、黄……此外，冷色系的色彩明度对比较明显，明度高则诱目性强，反之则弱。综合其他因素下，通常红色的诱目性稍优于橙色和黄色，被用作最突出的颜色（见图9‐1）。

通常，色彩的诱目性可分为认知性和可读性。

（1）色彩的认识性

在不同背景条件下测量认识距离，其大小取决于色彩与背景的关系，明度对比越大，色彩的认识性就越强。彩色的室内空间和视频画面更为丰富和具有表现力，而黑白的单色空间和图文版面则更为纯净和统一，尤其在一些历史类博物馆中，照片等图版都会做统一的色调处理（见图9‐2、图9‐3）。

（2）色彩的可读性

体现在色彩图形与背景的明度差别上，对比越大，可读性就越强。可读性最强的色彩组合是黑色和白色，黑色有后退的视觉效果，黑背景白字更容易被读出；在彩色和无色组合中，背景上采用高彩度的色彩更易读出，以蓝色背景上的白色可读性最强，常被用作标识等（见图9‐4）。

色彩在展示环境中具有诱导和警示作用，前者主要表现的是特殊展示和场景，如品牌形象色、特殊环境氛围等，可用色彩的联想链接人的感知，产生共鸣；后

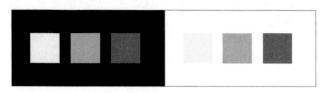

图9-1　在不同背景色下色彩的诱目性强弱
黑色背景时，诱目性顺序为黄、橙、红；白色背景时，则为红、橙、黄。

者则是需要被快速识别以传达某种信息，或预示危险等非常迫切的场合，使用诱目性高的颜色作为醒目且警示的色彩，如消防器材使用红色，黄黑条的警示标志告知注意预警等。此外，色彩是否能被快速识别还取决于与背景的关系，相对而言，反差越大，色彩的诱目性越明显。在展示设计中，人流密集、动线交叉的区域，如博物馆的公共大厅和序厅、商业空间的应急通道等处必须设置有效的指示标识，或运用红色、绿色等高纯度、高明度的色彩来引导人群的视线（见图9-5）。

图9-2　美国非裔美国人历史和文化国家博物馆展墙版面
黑白两色的图文版面造型丰富的立面灯箱版面，使展墙变得丰富。

图9-4　100椅凳展
蓝色与白色搭配的空间可读性最强。

图9-3　美国非裔美国人历史和文化国家博物馆展架造型
统一色调的历史照片配合橙色的图文版面，为空间增加一丝活力。

图9-5　美国达拉斯美术馆"迪奥：从巴黎到世界"展
按照色彩展示的道具与服饰，在空间中能够快速被识别，成为空间的焦点。

9.2　色彩的心理感受

色彩本身并没有属性，只是代表一种物理现象，但人们观看色彩，却能唤起内心不同的审美观，获得不同的心理情感。这是因为人们长期生活于色彩的世界，积累了许多视觉经验，一旦知觉与外在色彩刺激发生对应，就会在心理上引出某种情绪。

9.2.1　色彩明度的心理感受

色彩明度指色彩的明度或亮度，颜色有深浅、明暗的变化。比如，深黄、中黄、淡黄、柠檬黄等黄色系在明度上各不相同，紫红、深红、玫瑰红、大红、朱红、橘红等红色系在亮度上也不尽相同。这些颜色在明暗、深浅上的不同变化，构成了色彩的一个重要特征——明度变化（见图9-6）。

不同的色彩明度，会给人不同的心理感受。色彩明度较高的空间让人感到轻松、有活力、心情愉悦；明度较低的空间使人感到肃穆、凝重，富有使命感；而中性调子的空间则使人感到平和、稳定、休闲放松。因此，展示设计师应该根据展示空间的用途、展示主题和使用对象，选择不同的明度色调。并且，无论在整个展示空间中采用高调、中调或低调的色彩，都应协调彼此，在色调统一的前提下，利用色彩、材质、肌理的细微变化，产生细腻的色彩变化，并且注意度与量的合理把控。研究表明，如果将从白到黑的明度分成十个等级的话，这种变化最好控制在三个等级左右。对比小于三个等级的调性，变化过少，使人感到呆板、缺少生气。对比大于五个等级的调性则会使人感到刺激，眼花缭乱，加速视觉疲劳（见图9-7、图9-8）。

展示活动的行为，在一定程度上受到环境色调的影响。商店、展会等商业空间，通常会使照明与色彩设计服从这样一个宗旨：让顾客快速地被商品吸引，以增加购买的可能性。因此，在空间色彩设计上，由于商品或展品本身已经有着让人目不暇接的色彩，故而室内空间的环境色彩，即天花板、墙面、地面以及展架、展台的颜色，宜采用低饱和度、与其他颜色容易协调的色彩，甚至高明度灰色系列等（见图9-9）。

图9-6　耐克演示空间
粉红、紫红、粉蓝等统一色系的颜色，以及对比色的光色，构成了一个梦幻的展示空间。

图9-7　日本大阪Aesop1100店
为了更好地衬托商品，以米色色调营造的空间，使用不同的肌理材料，如统一上色的纤维增强塑料、砖、玻璃、木材、沙墙等来营造空间的进深感，在细腻的差异中包含统一。

图9-8　美国洛杉矶The Webster旗舰店
冷峻的混凝土被刷成了粉红色，营造了一个温馨的空间，天花板、地面的肌理细腻而丰富。

图9-9   上海UR旗舰店
白色的界面，自天花板延展下来的灰色的金属构架，黄铜的展台，
为纯粹的空间增添了一丝活跃。

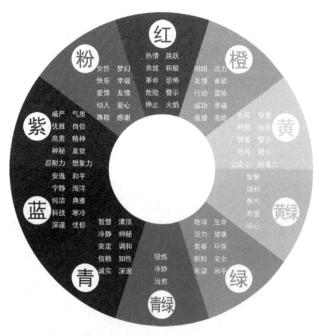

图9-10   色彩的联想与象征

9.2.2   色彩的联想与象征

色彩能激发人们抽象或者是具象的联想，产生思想和感情，并以此标志某种事物、行动、理想、意志和信念，形成色彩的象征意义。在室内展示设计中，色彩相较图片和文字传达信息的距离和识别速度都要高效，因而应正确地使用色彩的联想，通过色彩对空间氛围的渲染，准确且快速地进行展示信息的传达。

一般来说，每种色相会给人特定的联想，具有特定的象征意义。一般情况下，对色彩的共性联想，被视为约定成俗的内容，这种情况即色彩的象征（见图9-10）。

红色系：热情、奔放、革命、危险、警示、火焰，易刺激兴奋，具有张力，会增加肾上腺素分泌和促进血液循环（见图9-11、图9-12）。

橙色系：明朗、愉快、活跃、救援、救险，诱发食欲，有助于健康和钙的吸收。

黄色系：光明、动感、跳跃、收获、财富、警示、危险、提示，可刺激神经，获得关注（见图9-13）。

绿色系：舒适、生命、健康、青春、环保、新鲜、安全、希望、和平，有安神、镇静和激发活力的作用。

蓝色系：清爽、理智、安逸、海洋、科技、深邃、忧郁，能缓和心绪，还具有激发艺术灵感的作用。

紫色系：冷却、神秘、忧郁、浪漫，可抑制运动神经和心脏系统，有助于改善睡眠。

图9-11　某品牌专卖店
红色的楼梯装置，使空间富有张力和动感。

图9-12　中国台湾香奈儿红色工厂展览
红色回廊内由大小递减的香水框架、左右相间的白色灯带形成了纵深的序列感，聚焦展廊的镜头，浓烈的红色以沉浸式体验来营造震撼的视觉效果。

黑色系：神秘、黑暗、庄严、高贵、肃穆、稳重，可平复情绪，过多使用则会使人压抑，心情低落。

灰色系：高雅、安稳、沉静，有助于提高辨别力。

白色系：明亮、纯洁、安静、高级、严峻，有舒缓、净化、安定的心理暗示作用（见图9-14）。

值得一提的是，虽然色彩联想存在着共性，但对色彩的感知还是因人而异的。个体对色彩有不同的偏爱和喜好，说明色彩象征具有极大的主观性，这种主观性不仅因个体的性别年龄、生活环境、阅历背景、社会阶层、文化修养、专业学识、宗教信仰等因素而形成，还与民族风俗、国家文化息息相关，色彩象征的差异也由此显现。

不同年龄段的人们所产生的联想也大相径庭，以橙色为例，儿童可能会想到橙子等色彩鲜明的具象物体，成年人则有可能会联想到热情、温暖等情感浓郁的抽象事物。

图9-13　日本Valextra专卖店
黄色的商业空间色彩明亮，吸引人们的关注。

同样，基于不同文化背景，色彩的象征意义有时是不同的，甚至是对立的。因此，对色彩的把控要视具体情况具体分析，不能一概而论。例如非洲人喜欢艳丽补色对比的暖色调，欧洲人偏爱对比强烈的冷色调，东方人的喜好相对清新淡雅。对中国人来说，红色与金色相配，代表喜庆与高贵，常被视为一种中国符号，有时也会与黑色搭配，沉稳又不失张力。如今，人们的色彩观念不仅受到自然形态的影响，更受到人文形态的影响。我们生活在充满广告文化的时代，色彩的专属联想与象征也在悄然发生着变化，它们与商品的内涵一起深深影响着我们的选择（见表9-1）。

图9-14　上海JINS专卖店
白色纯洁的空间、悬挑的展台，使商品成为唯一的色彩。

表9-1　不同人群对色彩的抽象联想

色彩　年龄段（性别）	青年（男）	青年（女）	老年（男）	老年（女）
红	热情、革命	热情、危险	热烈、醒目	热烈、年轻
橙	焦躁、摇摆	甜美、温情	甜美、明朗	欢喜、华美
黄	明快、活泼	明快、希望	光明、明快	光明、明朗
黄绿	青春、平和	青春、新鲜	新鲜、跃动	新鲜、希望
绿	永恒、新鲜	平和、理想	深远、平和	希望、公平
蓝	无限、理想	永恒、理智	冷淡、淡然	平静、悠久
紫	高贵、古风	优雅、高雅	古风、优美	高贵、消极
黑	死灰、刚健	悲哀、坚实	沉默、严肃	灰暗、冷淡
灰	中性、冷淡	中性、忧郁	荒废、平凡	沉默、寂默
白	清洁、神圣	清楚、纯洁	洁白、纯真	清白、神秘
褐	苦涩、古典	沉稳、沉静	沉稳、坚实	古典、素朴

图9-15　英国V&A童年博物馆"游戏计划"展黄色主题区
像素化的黄色展区是视觉的焦点。

小贴士

儿童对色彩的感知

» 色彩对儿童的心理成长和个性发展影响重大。据美国儿童心理学家阿尔修勒的实验表明，对儿童而言，色彩有其固定的意义，在一定程度上，色彩的喜好表现了他们的性格特征。喜欢黄色的儿童依赖性较强，天真无虑；偏爱红色的儿童个性刚烈、调皮而感情丰富；喜欢蓝色的儿童比较自我且领导性好；喜欢橙色的儿童性格外向。

» 因此，在科技馆、博物馆及儿童游戏区应重视色彩在孩子心理发展中的影响，营造一个缤纷且健康的彩色环境（图9-15～图9-19）。

图9-16　英国V&A童年博物馆"游戏计划"展红色主题区
红色展墙上绘制的卡通图案使空间充满了童趣。

图9-17　英国V&A童年博物馆"游戏计划"展蓝色主题区
蓝色展墙衬托白色图版，更为突出。

图9-18　由乐高产品LOGO Dots打造的小屋1
互补的撞色设计，夸张的线条与圆点，让空间充满了童趣。

图9-19　由乐高产品LOGO Dots打造的小屋2

9.2.3　色彩的物理感觉

人们对色彩的认知由主观感觉与客观环境相关的经验获得，逐渐形成了对色彩的物理感觉。在展示设计中，设计师利用色彩的物理特性，如冷暖、远近、大小、轻重等，除了可以为室内环境营造一个良好的空间，还可以造成一些戏剧化的艺术效果（见表9-2）。

（1）冷暖

指不同色相给人的冷暖感觉，如红、黄色、橙等称为热色，以橙最热；蓝、青、绿称冷色，以青最冷；紫是红（热色）、青（冷色）混合而成，为温色（见图9-20）。

（2）空间

指色彩具有收缩膨胀、进退、凹凸、远近的视觉效果，它与色相和色彩明度相关。一般暖色和浅色的色彩具有扩散、前进、凸出、接近的效果，显得更大；而冷色和暗色的色彩则反之，如白色是前进色，黑色是后褪色。展示设计中常利用这一色彩特性，在视觉上改变物体的尺度、空间大小和高低。

（3）重量

色彩影响着人们对物体轻重的判断，主要取决于色彩的明度和纯度，明度和纯度高的显得轻，如桃红、浅黄。在展示设计中，常使用色彩的轻重来平衡和稳定空间，展现空间的个性诉求，如地面材质使用深色更为稳重（见图9-21）。

表9-2　色彩的心理与物理感受

颜色		距离感	温度感	情感
红		近	温暖	非常刺激、不安
橙		非常近	非常温暖	使人激动
黄		近	非常温暖	使人激动
绿		后退	非常冷、中性	非常平静柔和
蓝		后退	冷	平静柔和
紫		非常近	冷	庄严、忧郁
褐		非常近、幽闭恐怖	中性	使人激动
白		前进	偏冷	平静、纯洁
黑		无限深远	中性	压抑
灰		深远	中性	中性

图9-20　美国迈阿密Celine零售店
天蓝色的大理石构成了斑驳的浅蓝色空间，如同冰川世界一般，带来凉意，显得空灵而冷寂。

（4）对比

色彩之间还存在着补色与对比的关系，色相环中每一个颜色与正对的颜色互为补色，比如橙与蓝、红与绿。此外，色彩还受补色错觉的影响，如小块白色在大面积红色对比下，白色显得偏绿。可以充分利用对比的特性，营造一种富有个性且具戏剧化的艺术氛围（见图9-22、图9-23）。

此外，色彩还会影响人们对时间的理解，当人在红色空间内，会感觉时间比实际时间长；而当在蓝色空间则感觉安逸且意犹未尽。

图9-21　某品牌商店
白色的商业空间，钢丝网构成的透空隔墙，顶面的木色构架，使空间显得空旷而飘逸。

图9-22　北京Valextra旗舰店
蓝色的装饰面与构建与米色的空间互补色，富有戏剧化的效果。

图9-23　成都Valextra旗舰店
红色的圆形天花板与绿色的外部空间互为补色，形成冲撞与对比，营造浓厚的中式韵味。

9.3　色彩的设计

空间环境色彩设计的主要任务，包含各空间界面的色调、展示版面的色彩和形式、道具的色彩，此外，照明的光色也属于这一范围。色彩与空间的功能、形态、大小、构筑材料、照明形式等多种因素密切相关，因此有关色彩的设计是复杂而又多变的，没有好的色彩搭配，再好的创意也会黯然失色。

当观众进入一个内部空间后，有80%以上的信息是通过视觉获得的，视觉上接收到的第一个信息便是色彩。色彩设计的成功与否，对参观者的视觉和心理感染力有着明显影响。因为色彩是最直观、最易影响人心理的设计因素，参观者进入展馆的第一感觉主要是由色彩营造的展览氛围。好的展示色彩设计，具有很强的视觉吸引力，能充分体现展示空间的艺术魅力。同时，色彩设计又是展示设计中较难表现的一个关键点，不同群体对色彩的理解和偏好有很大差异性。所以，展示的色彩设计应根据展示地点、展示性质、参观对象特别是目标观众的特点来具体分析、仔细斟酌。

展厅内环境的色彩设计，侧重于对每个厅室的色彩基调的把握。通常大型的展示项目包括几个相对独立的空间，每个空间可以用不同的色调来区别，根据主题内容，赋予其不同的色彩倾向，也可用统一的色彩基调来协调整个展示的色彩。

（1）环境色

展示空间界面（墙面、天花板、地面）的色彩不宜轻易改变，它们对整个展示的色调起主导作用，是基本色。一般商业性的展示活动面对的都是五颜六色、形状各异的展品，空间的整体色调大多采用中性或柔和、灰性的色调，以突出展品，取得色彩上的和谐。空间环境虽然不是展示的主体，但展厅的环境色彩对整个展示的气氛及展示的效果有很大的关系。色彩不仅有吸引顾客、刺激消费的作用，在一定的条件下，还兼有标志或象征的意义，如暖色常用于食品、家用品等；冷色则经常用于仪器、医疗器械等（见图9-24）。

（2）版面色

版面色通常可以运用展品、道具、图文版面等来表现，是展示色彩设计成功与否的关键，一切色彩设计都是为了衬托、美化版面而存在的。在文化性的展览活动中，某种程度上版面是介于环境和展品之间的中间媒介，版面的色彩很大程度上可以影响整个展示空间的色调；同时它又能吸引观众注意力，传达展示信息。版面的色彩设置得当，可以起到协调整个展示空间色调、突出展示内容的作用。一般展示中，版面常用以安排图片、文字等平面内容，或作为整个展示的背景色彩。版面的色彩包括版面底色、标题和文字的色彩、图片的色彩等。其原则是：同一版面上的色彩不宜过多，尤其是作为背景的大块色彩更是如此。可用相同明度、彩度、不同色相的色彩体系，或用色相差异较小的同类色、近似色，最大限度地保持展示区域色彩体系的完整性。同时还要考虑到色彩之间互相配合所产生的对比效果，选择与展品及整体色系相协调的色彩是版面色彩设计的关键（见图9-25）。

（3）光色

展示空间的光与色也是彼此关联、相互影响的。照明设计也是整个色彩体系中的一部分，其色彩效果对展厅的气氛有很大的影响。空间环境内的基本照明和各个展项的光照色影响着整个空间的色彩基调，是统一强化空间氛围、烘托展示主题、协调色彩的方式，特别是彩色的LED灯、霓虹灯等能够营造一些场景性的艺术效果（见图9-26）。

图9-24　西班牙ASH专卖店
弯曲的混凝土展台，粉灰色的纱幕，为中性调的空间增添了一丝柔美特性。

图9-25　美国弗吉尼亚美术馆YSL主题展
色彩鲜明的展墙序列排开，精美的服装以渐变的颜色一一陈列。

图9-26 欧洲核研究中心"粒子中的宇宙"展区
蓝色的光源，圆形的互动展项与空中飘浮的小球构成了一个奇幻空间，使参观者仿佛沉浸在一片幽蓝的粒子世界中，神秘而梦幻。

（4）流行色

展示中色彩的运用另外还受到一个因素——流行色的影响，尽管这一现象不像服装行业等流行性很强的消费品那样明显，但不同时段，观众对某类色彩的偏爱还是很明显的，每年发布的潘通色甚至会影响到展示行业；而某些色彩则由于其特点一直被广泛采用。如白色是明度最高的色彩，经常被用作于空间的基本色调，呈现明快的效果，突出空间环境和立面造型。以统一协调的色彩环境把色彩纷呈的各类展品统一起来，使所要展示的展品更加突出和醒目。

思考与延伸

1. 色彩的诱目性是什么？在展示设计中如何运用？
2. 色彩明度对人的心理感受产生怎样的影响？
3. 如何运用色彩的联想来营造具有艺术美感的展示空间？

第 10 章 展示道具设计

在现代展示设计活动中，展示的视觉效果成功与否，与展示道具的设计有着很大的关系。道具的设计既需要科学且合理地服务展品的使用功能，又是构成展示空间界面的一部分，对展示的效果起着关键作用。不同内容的展示物，不同的展示方式，需要丰富多变的展示道具。同时，道具的设计又与展示的版面效果、人体工程学等相关环节紧密联系在一起。良好的道具设计，可以使展示整体的可视性、实用性、安全性得到提升。

10.1　道具设计的基本原则

当代展示活动的种类繁多，有只开放几天的快闪展览，更有陈列几十年的博物馆的常设展览，展览时间的长短差异巨大，因此，各类展示空间对于道具的需求不尽相同，需选择适宜的展示道具。

10.1.1　展览的类型

（1）临时展览

展览时间较短，如商业橱窗、快闪店等，道具相对简易，常使用各类型材组合的形式，要便于安装、拆卸及运输。

（2）定期展览

通常每几年举办一次或一年举办几次，展览的周期规律明显，通常为贸易型会展、博览会等，如车展，一般在专业的展览建筑中举办，常使用可拆装式的展架结构和道具，高度和体量受展位的限制，组合式和充气式的道具较为常用。

（3）巡回展览

也称作移动展览，通常为主题展在不同地区的活动性展示，以图文展示为主，展品为辅，道具相对简单，需考虑轻巧、多变且适合拆装、运输及便于现场布置（见图10-1）。

（4）长期展览

通常指文博类的展示空间，如博物馆、美术馆的常设展览。此类空间陈列的展品本身的价值较高，道具设计应满足长期使用的需求，以固定为主，需要与整体环境一并考虑，对安全性、耐久性的要求较高。各种道具设计形式多变，其材料、规格、尺度、体量视场地的情况、展品的展示需求可适度变化。

图10-1　"我们的城市客厅"巡回展
以模数化的木条围合出木质书架，构建出隔墙、门廊与台阶，在分格中展示模型、照片、文字、图文版面，便于现场组装、拆卸以及二次利用。

图10-2　行走的艺术鞋店
可拆卸移动的家具，如波浪般流动的展架既丰富了空间的形态，中间的凹槽又恰好作为陈列商品的展架，划分出了视觉的焦点。

10.1.2　展示道具设计和选用的基本原则

虽然道具的要求随不同展示空间而各不相同，但作为展示硬件设施的一部分，都需要满足一定的功能需求，能够承托、吊挂、陈列、保护展品，渲染气氛等。而随着现代展示活动的普及，专业生产的标准化道具有逐渐取代传统的展示道具的趋势。从总体而言，展示道具设计和选用的基本原则需要考虑以下内容。

（1）安全性

展示活动中，受场地、环境、人流等影响，展示道具机构要坚固可靠，既要能保护展品的安全，同时在设计道具造型时，还要对参观者的安全加以考虑，避免使用一些尖锐的造型，采用安全玻璃等。

（2）功能性

展示道具的尺度，除了要符合人体工程学的各项需求外，还要结合具体展品的规格、展示空间的大小等进行综合考虑，实现既定功能的同时还要符合美学规律。

（3）简洁性

展示道具的造型、色调、材质与肌理的设计或选择，要与展示环境的风格、尺度、陈列性质、展品特点以及展示空间的色调等因素相统一，应简洁大方、色彩单纯，切勿喧宾夺主，注意道具只是展品的承载者，而非展示的主体。

（4）经济性

展示道具的设计，要尽量以标准化设计为主，特殊设计为辅；选择道具时，应该考虑采用那些具有多功能和多用途的系列化道具，尽量不用或少用专门设计的特殊规格。同时，以组合式、拆装式道具为主，以便能任意组合和变化，方便包装、运输和储存，节约开支（见图10-2）。

（5）可持续性

这是设计师在设计理念和设计实践中都必须考虑的问题。根据不同的展览时间，充分考虑展示道具的选材与规格，秉持可持续发展的观点，尽量选用绿色环保材料，在满足设计的个性化以及产品的性价比的同时，力争获得最佳的设计效果（见图10-3）。

设计合理、富有创意的展示道具，是空间构成的重要组成因素之一，不仅能衬托展品的特质，还在一定程度上完善了展示空间的整体风格，可以在无形中提高了展品的商业和文化价值，并起着引导参观者，刺激消费的作用。

图10-3　Aesop美国洛杉矶专卖店
专卖店位于一栋历史悠久的近百年建筑的底层，使用6in（152.4mm）的再生纸板管来充当空间的隔断、家具和灯具，搭配原始楼板1929年的混凝土地面，整个空间被调和成中性的暖褐色，舒适而朴实，恰与品牌天然、环保的理念一致。

10.2 道具的分类

10.2.1 展架

展架是吊挂、承托展板，或拼接组成展台、展柜及其他形式的支撑骨架的器械，也可以是分隔展示空间的重要手段，是现代展示活动中用途很广的道具之一。

自20世纪60年代，一些发达国家频繁举办博览会，为了适应行业发展的需要，开始研究并生产各种拆装式和伸缩式的展架系列，为各种展示活动提供了极大的便利。这种展架优点明显，不仅可以方便地搭建屏风、展墙、格架、摊位、展间以及装饰性的吊顶等，而且可以构成展台、展柜及各种立体的空间造型。

材料上，拆装式展架多采用铝锰合金、锌基铝合金、不锈钢型材、工程塑料、玻璃钢等制造展架管件、接插件、夹件等，用不锈钢、弹簧钢、铝合金、塑料和橡胶等材料来制造其他小型零配件。

拆装式展架的设计或选用，应注重质轻、刚度强、拆装方便；构件的公差配合要精度高，管件规格的变化要按一定的模数进行。可拆装的组合式展架，通常采用标准化和系列化设计，由一定断面形状和长度的管件及各种连接件组合而成，构成展台、展柜、展墙、隔断等，同时在展架上可以加装展板、裙板或玻璃，也可以加装导轨射灯或夹装射灯以及其他护栏等设施。

从结构和组合方式上看，展架体系可分为四类：由管（杆）件与连接件配合组成的拆装式；由网架与连接件组成的拆装式；由连接件夹连展板或玻璃等板材而组成的夹连系统；可以卷曲或伸缩的整体折叠系统（见图10-4、图10-5）。

从使用范围和用途来看，由管（杆）件与连接件搭配的拆装式展架应用最为普及，常用的拆装体系如下。

（1）脚手架结构

采用一定长度的钢管或铝管，搭配金属夹扣件，以拧紧的螺栓固定。这种结构被广泛用于建筑施工，现在也常用于在展览中充当展架（见图10-6）。

（2）桁架结构

常用于建筑框架中，具有跨度大、结构稳定且牢固的特点。常采用铝、不锈钢、铁为基材，通过配套的螺栓固定，桁架规格根据展示需要，框架截面为三角形或正方形两种。便于与板材、布料、拉网膜、钢绳等材料连接，并且便于悬挂各种灯具、标识等，常用于临时性、移动式展示（见图10-7）。

（3）八棱柱结构

又称沟槽卡簧式，因连接的扁形铝条有八个方向的凹槽得名。最初普通立柱为四面槽式，现已改进为八面槽式，机动性更强；横向的铝扁件上下有槽，可镶板或玻璃，两侧有沟槽，可挂展品，铝扁件两侧有锁件，可用螺丝刀拆装。立柱和扁件均有不同的长度和规格，八棱柱、铝扁件以及1/4圆弧件，可以组装成圆柱形的展台、空间或摊位。此外，系统还配有带滑道的射灯，使用非常方便。

图10-4 荷兰新建筑协会"荷兰是怎样的"展展厅鸟瞰
圆形框架的每一段都构成了一个开放的入口，分别陈列荷兰自1910年以来14次参加世界博览会的作品。

图10-5 荷兰新建筑协会"荷兰是怎样的"展展架组合
框架内分别陈列了收集的资料、建筑模型和家具等。

图10-6 美国纽约建筑中心"脚手架"展
脚手架搭建的展架，高低错落地悬挂着橙色系列版面，显得活泼而多变。

图10-7 创x奕时尚概念集成店
模块化的金属支架和单元框架构成空间的分隔，便于拆卸和安装。造型取材于上海市井"里弄"：一个个的框架犹如72家房客的故事，外伸的晾衣架转化为展示架；竹编框架用作背板等。

图10-8 美国纽约大都会艺术博物馆"Manus x Machina：技术时代的时尚"特展
由于大多数展品（自1900年来的170余件服装）对太阳光比较敏感，以错综复杂的脚手架和半透明的纱布在空间中构建了一座纯白的教堂，营造了一个隔光的整体空间，在一座座拱门和穹顶围合的中庭空间中穿梭。

图10-9 法国巴黎香奈儿流动艺术馆
流动的几何形和有机的曲线组成了动感的空间。

（4）球形节点结构

与原子结构相似，最早为20世纪70年代德国研制的"MERO"系统的展架，接头为18棱面螺孔的球形结构，后增至21面。框架为圆形管件，两端有套筒和可移动的螺栓，管槽中可卡嵌玻璃和板材作为展板。这种结构组合灵活，便于搭建各种形态的骨架，球形节点还可组合构成展台、展板、门楣等，形成变化丰富的空间造型。

（5）膜结构

常见的有骨架式、张拉式、充气式膜结构。膜材通常为白色软性织物，透光率好，重量轻，通过框架造型，三维方向可自由拉伸扭转，构成非常优美且富有动态的曲面造型，配合各色的灯光设计，极具张力与感染力（见图10-8、图10-9）。

图10-10　阿联酋阿布扎比卢浮宫
几何形的玻璃柜散布在大厅，每3件展品为一组，包括出土于各大洲的黄金面具、怀孕人像、水壶、书写工具等，展示了不同文明求同存异的特性。而在中庭地面上，以古代文明的文字标记各自古都的印迹串联，勾勒出人类起源的活动轨迹。

10.2.2　展柜

展柜是保护和突出重要展品的道具，具有封闭性，能在保护展品的同时不影响展品的观赏性。按照展示的方式不同，通常有立柜（靠墙陈设）、中心立柜（四面玻璃中心柜）和桌柜（书桌式平柜，上部设有水平或有坡度的玻璃罩）、布景箱等。

常用的装配式高立柜和中心立柜，其垂直与水平构件上有槽沟，可插玻璃；也用弹簧钢卡夹装玻璃。若是放置于展厅中央的中心立柜，则四周都需要安装玻璃；若放置在墙边，其一面可只装背板，无需再安装玻璃。有的高立柜的顶部可以装置照明灯具，而低展柜也可在底部安装照明设备（见图10-10）。

除了标准的装配式展柜，往往会根据展示需要设计定制特殊展柜。一方面是为了与整体环境相匹配，其造型也不仅仅是单纯的立方体。另一方面，有时这些展柜往往还有一些特殊功能，如展示珍贵文物的防盗报警设施；书画丝帛的恒温恒湿装置；减少光照放射影响的感应式照明等（见图10-11）。

图10-11　中国国家博物馆"路易威登艺术时空之旅"展览
"热气球"和旅行箱：陈列各式旅行箱的展柜被悬吊在装饰品牌标识的热气球下，仿佛就要迎风而去，掀起一场场游走各地的旅行，恰好契合了展示的主题。

桌柜通常有平面柜和斜面柜两种，斜面柜又分单斜面和双斜面，单斜面通常靠墙放置，双斜面则放置在展厅中央。桌柜的常用尺寸是：平面柜总高为105～120cm，长度视具体情况而定；斜面柜总高为140cm左右，柜长为120～140cm，进深为70～90cm，柜内净高为20～40cm（见图10-12）。

大通柜是只供参观者从一个方向观看，类似橱窗的大展柜。内部可以设置各种场景，使展品呈现在一个"真实"的环境中，使展示更加生动。布景箱的一般高度为180～250cm，超过人的视线高度，甚至更高，进深

图10-12　摩洛哥柏柏尔人博物馆
靠墙摆放的环形桌柜内陈列精美的饰品，四周的镜面材质、顶部的点点星光，映射成了一个又一个空间。

图10-13　美国安克雷奇历史艺术博物馆
通高的展柜内，组合陈列各式展品、图文版面等。

图10-14　英国邓迪V&A博物馆
巨大的玻璃柜内，有趣地分隔并陈列着过去500年以来苏格兰制的各
种产品，涵盖时尚、家具和建筑，甚至医疗与科技等领域。

图10-15　伦敦日本之家展厅
根据展品尺寸而制作的木质展台轻盈地散布于展厅，便于观众近距
离观看。

为90～150cm以上，长度可根据实际需要确定。布景箱的背部和顶部两侧应设计成弧形，以造成空间深远的感觉，为保证布景的真实效果，大型的布景箱的深度至少应为宽度的1/2以上。在照明设计上也应有所侧重，采用舞台灯光的方式，以突出展品的效果。随着多媒体技术的应用，在一些要求较高的展示场景中常采用计算机控制声音、灯光和影像，形成虚拟的"真实空间"，加强展示的效果（见图10-13、图10-14）。

10.2.3　展台

展台类道具是承托展品实物、模型、沙盘和其他装饰物的用具，也是突出展品的重要设施之一。它既能使展品与地面彼此隔离，衬托和保护展品，又能彼此组合，丰富空间层次。大型的实物展台，除了可用组合式的展架构成外，还可以用标准化的小展台组合而成。小型的展台大多是简洁的几何形体，如方柱体，平面尺寸有20cm×20cm、40cm×40cm、60cm×60cm、80cm×80cm、100cm×100cm、120cm×120cm等几种，或为长方体、圆柱体等形体（见图10-15）。

一般情况下，大型展品应该用低展台，小型展品则应用较高些的展台，方便观赏。在高大的展示环境中，如果需要一个大型的实物堆时，特大型的展台可以根据具体情况进行特殊设计。

展台根据造型可分为以下几种形式。

（1）台座类展台

主要用于裸露陈列较大的展品，如雕塑、模型、沙盘、机械设备和交通工具等，其造型简洁，多为几何形体，规格视展品尺寸而定，高度一般为10～40cm，较高的展台可设在40～80cm，它在尺度上的高差往往还起着划分空间的作用（见图10-16、图10-17）。

（2）积木类展台

在商业陈列中又称"堆码台"，通常分单体几何型和组合型，后者是按照一定的模数关系由不同形体或同一形体的不同尺度组合构成，在陈列展示中，还会与展柜、展板等组合，构成功能强大的整体造型（见图10-18）。

（3）套箱类展台

套箱类展台是按照一定模数关系制作的系列方形箱体。其特点与积木类展台的功用类似，便于储藏和运输，尤其适宜于流动性和机动性强的展示陈列。

（4）支架类展台

支架类展台是支撑、吊挂或拼联展品的辅助道具，具有轻巧、通透感强、空间占用少的特点。一般通过钢材、铝材、木材作为结构支撑台面，有时还会组合使用于展台、展板或展柜内，作为单独展品的辅助道具（见图10-19、图10-20）。

图10-16　美国非裔美国人历史和文化国家博物馆
展馆的展台上陈列着红色的汽车模型，与立面玻璃的版面陈列构建了丰富的展厅空间。

图10-17　2004年意大利威尼斯建筑双年展
U形的展台营造了动感的曲线造型，辅以单独的支架，按照展品特性安排不同视觉高度。

图10-18　南京积家木作美学展厅
大小不一的红色立方体相互堆叠、悬挂，成为空间中聚焦的中心。

图10-19　瑞士螺旋钟表博物馆
古铜色金属基调的螺旋形空间意喻着品牌精湛的钟表制作工艺。仿佛陀螺仪一般的展示道具恰似星辰点缀在中庭空间，外围的工作坊使得观众能更好地了解制表相关内容。

图10-20　上海集丝坊
悬浮的环形木质板材以绳索连接，配合地面青砖的拼贴，整个空间显得质朴而轻盈。

图10-21　2011年德国法兰克福国际汽车展奥迪汽车展台
旋转展台使观众能全方位观看展品。

此外，现代展示设计的重要特征之一就是在静态的展示过程中追求一种动态的表现。动与静的结合使展示的过程变得愈加生动活泼、别开生面。使静态展品运动起来的方法之一就是利用传动装置，使展台具有旋转、升降、摇摆等功能。如一些大型的旋转展台常用在汽车等大型展品的展示中，观众可以在固定的位置，随着展台的旋转，以不同的角度全面观看展品。特别要注意的是，这一类展台的设计大多要考虑展品及空间的造型效果，还要兼顾内部的隐蔽工程，较为复杂，除部分较小型的标准化展台外，大部分的旋转展台都需根据具体的展品进行设计制作（见图10-21）。

10.2.4　展板与屏障

展板是最为常见的展示道具，其主要作用是展示图文信息、分隔展示空间。展示所用的展板，有些是与标准化的系列道具相配合的，更多的是按照展示空间的具体尺寸而专门设计的。展板的设计和制作也应该遵循标准化、规格化的原则，大小的变化要按照一定的模数关系，还要兼顾基材和纸张的尺寸，以降低成本，方便布展，同时也方便运输和储存。展板常用的材料有木质板材、防火板、有机玻璃板、PVC板、安全玻璃等，在博物馆展陈等对耐久性要求较高的场合，还会使用钢板、铝板等金属板材。

用作隔墙的展板尺寸可以大些，按照板材的尺寸，宽度从150cm、180cm、200cm到240cm不等，高度尺寸从220cm、240cm、260cm、300cm至360cm不等。这些当作隔墙的展板既可以在上面直接装裱纸张、图片等，亦可以在上面悬挂轻质的展板，或是做一些镂空或凹凸的处理，摆放小型轻质的展品（见图10-22）。

另一类用作展架上的镶板或直立在地上的展板，又或吊挂在墙体上的展板，尺寸都不宜过大，常用的规格有60cm×90cm、60cm×180cm、90cm×180cm、120cm×240cm、240cm×240cm等几种（见图10-23、图10-24）。

展板的设计制作除了要考虑不同部件尺度间的互相配合外，还必须考虑其本身的强度和平整度，展板内层骨架要有一定强度，同时又不宜太厚，以免影响外观。

图10-22　2014年博洛尼亚陶瓷卫浴展
商贸会展中，以展板充当隔墙，提高空间的使用率。

图10-23　日本科学未来馆"100亿人的生存挑战"展区
通过展览，让观众思考自然灾害、核电站事故等对人类生命构成的各种危险。展区以独立的展板，直接树立在地面，以各种角度随机的方式，让观众在漫步中体验灾害。

图10-24　上海汽车博物馆"移动的狂想——汽车与当代艺术"展览
展览大厅中呈放射状分布的展墙与展台框出如网格一般的结构，大块的白色、侧边的黑缝与上方的灯光条形成对比。

此外，用以分隔展示空间、悬挂实物展品、张贴文字以及分散人流等的屏障物也可视为是展板类道具的一种，常用到的有屏风、帷幕和广告牌之类，这一类道具也是展示中不可缺少的。

屏风按其结构可分为座屏、联屏和插屏等几类；每类又可以细分隔绝式和透空式两类。一般屏风的高度为250cm～300cm，单片宽度为90cm～120cm，联屏可用数片单片屏风连接而成，具体宽度应视设计需要而定（见图10-25）。

10.2.5　辅助设施

在展示空间中，保护陈列展品的栏杆、指引导向的路标、说明标牌、吊挂等，均是不可缺少的辅助道具。

（1）护栏

当代展示活动希望尽可能地缩短展品与观众的距离，但在一些特殊的场合，尤其是保护重要展品时，需要拉开展品与观众的距离，则会以护栏来围合空间，指示或引导观众走向，避免事故的发生。护栏分固定式和移动式两大类：博物馆等长期性展示中常用固定式的护栏，常用于保护重要展品和某些大型场景；而商业性会展中更多地采用灵活、机动的移动式护栏。

（2）标牌底座

其构造形式多样化，构成原理与护栏立柱的形式几乎一致，用来以文字说明展品的相关内容。组合系统中多利用护栏配件装配，也可以根据具体情况加工定制。此外，由于展示空间的光环境较暗，人流较多，也要考虑指示标识导向的功能性辅助设施，布置于走廊、通道等显眼位置，便于紧急状态下能被快速识别（见图10-26、图10-27）。

图10-25　美国洛杉矶Knoll家居设计商店
展厅中可旋转的屏风，以横开或竖开的方式，既分隔了不同种类的家具，又无形中开拓了参观流线。玻璃墙前的拱门构架，作为橱窗的分隔，充满了异域的摩洛哥风情。

图10-26　英国邓迪V&A博物馆
展厅内设置了保护展品的护栏，并且在展品前设独立的文字标牌陈列说明。

图10-27 奥地利格拉茨历史博物馆
由金属网围合的展区,将工业化的氛围渲染到整个空间,将古往今来的历史遗存与当代设计相融合。

图10-29 "走进香奈儿"展览
以发光的灯管作为服装的立柱,使服装展品仿佛漂浮在白色空间中。

(3)吊挂

在展示设计中,一些轻质或小型的展品和道具常利用天花板和墙面的构造悬挂装饰。服饰展示中常常用到这样的方式,以简洁的线条作为衣架,让空间显得大气而简约(见图10-28)。

除此之外,在展示设计中,根据不同展示对象,还有一些专门类的辅助道具。如服装展示中,有各种服装专用的模特、胸架、衣架等;书籍展示中,可用到大型的书架及阅览架;还有一些展品的陈列也需要用一些特制的支撑或固定器械,这些辅助的设施或器械除了采用部分标准化的配件组合外,有些还应该根据展示的实际需要,专门设计制作(见图10-29)。

图10-28 法国拉斯科4号洞穴博物馆
在沉浸式的环境中,源自洞穴结构和岩画场景的展项被高高悬挂于天花板,人们可以通过下方的交互桌面获得画作的细节等相关内容。

思考与延伸

1. 道具设计的基本原则是什么?
2. 展示道具设计的基本类型有哪些?
3. 简述展柜的类型及应用的场合。

第 11 章　展示的技术手段及应用

展示设计的目的是信息交互。数字化展示设计，是伴随着计算机应用技术的发展而成熟的新方向。当代展示的手段越来越多地依靠各种数字媒体技术相互结合，突破了传统展示以实物、图片、文字为主的展示形式，以期使观众在观展过程中得到更好的交互体验，提高观众的参与度与满意感，获得更好的观展体验。数字化展示以数字媒体为载体，以视频、程序、影像等为形式来进行展示内容的传播。丰富的新媒体技术手段适用于不同的展示内容，获得了展示效果的个性化与多样性，效果相比传统手段不可同日而语。数字多媒体艺术和科学技术、丰富的媒介手段被应用在当代展示中，冲击着人们的视觉、听觉、嗅觉、味觉、触觉等多维感官，从而影响着观众的心理反应，激发观众的幻想力和好奇心。

11.1　声光电技术

如今，展示设计已跨越了单纯地陈列展品的阶段，发展成为一项注重观展体验、有主题性、有剧情场景的综合性展示活动。其中，声光电技术已成为不可或缺的主要辅助手段被广泛应用，并且随着技术的革新与种类的多样化越来越能提升陈列效果。展品通常陈列在特定的情境之中，围绕展示主题，利用声光电的表现力，渲染环境氛围，使展品如同一个场景故事般演绎，其背后蕴含的文化与价值以更戏剧的方式为观众呈现。

在展示过程中，各种展示技术手段有机结合，目的在于提高展示的艺术效果，创造引人入胜的展示氛围。通过精准的控制展示环节中各种声音、照明、视频播放的时间、顺序和强弱变化，充分调动观众的视觉、听觉等、触觉等，使其多感官获得展示信息，创造获得最佳展示效果的途径。

在各种控制技术中，智能化和自动化的计算机控制技术是最为有效的方式。通过计算机控制技术，按照陈列布展的脚本编制电脑控制程序，按照设定的参观路线和观展顺序，控制相应的声音、照明及视频的播放，由此产生声音的强弱变化、照明的渐变、视频播放的时间节点等效果。声音首先调动观众情绪，使之能快速融入展示情境；光与之配合，营造绚烂的艺术氛围，视频则作为重点展示内容，配合静态的模型道具或仿真场景予以呈现。

例如，在战争场景展示中，当参观者进入展厅时，安装在展厅四处的感应装置已经将参观者位置信息、参观人数等传达给中控电脑，中控电脑按事先设定的程序向各个系统发出指令。于是，展厅的照明灯光逐渐亮起，同时播放背景音乐；随着观众在展区内移步参观，不同位置的定位音响设备先后播放出预设的配乐和解说词；当观众立足于仿真场景前，环境照明渐渐暗下，立体环绕音响奏起音乐，大屏幕开始播放战号吹响前一幕，逼真的影像配合环绕音响营造了一个时空，如身临其境一般：原野一片沉寂，忽然一阵枪炮声响起，随之四周灯光闪烁，浓烟四起，枪炮声、爆炸声不绝于耳，迎着嘹亮的军号声，战士冲向敌军……慢慢地，整个场景恢复平静，远处战场的几声余烬和弥漫的硝烟，终于一切落下帷幕，解说词徐徐道来。

图11-1 美国国家二战博物馆"通往东京之路：太平洋战场"展厅1
博物馆以叙事历史的方式，营造了身临其境的环境，充分利用各种多媒体技术为参观者呈现一个互动体验的沉浸式场景。展厅再现了瓜达尔卡纳尔战役的场地，生动地渲染了有着高耸的棕榈树的自然环境。

设计师利用电脑程序控制道具，融合机械、照明、烟雾、音响等组合而成的场景，配合极具感染性的艺术手段，可塑造出体验性极强空间。观众不再只是信息的接受者，而是主动的参与者和信息的传播者。获得的不仅仅是视觉、听觉等感官的直观感受，而是更综合性的体验，对内容的记忆更为深刻。如何提升观众的参与性，声光电和其他技术的综合运用无疑十分重要，发挥其各自优势，加强展示的呈现效果，有助于营造更丰富的展示气氛和空间情境并使观众参与进来（见图11-1～图11-4）。

图11-2 美国国家二战博物馆"通往东京之路：太平洋战场"展厅2
一架修复过的P-40"战鹰"战斗机悬挂在巨大的三面投影屏前，视频交替播放着飞往中国的战时补给路线的动画地图和喜马拉雅山脉的景象，戏剧化地表现了中缅印战场的故事。

图11-3 美国国家二战博物馆"通往柏林之路：欧洲战场"展厅1
模拟的尼森小屋，炸弹破毁的屋顶中还隐约可见头顶的飞机，用以表现二战时期的空中力量。

图11-4 美国国家二战博物馆"通往柏林之路：欧洲战场"展厅2
参观者穿梭在诺曼底丛林中，在结冰的通道间行进，周围散布着树立的影像屏，播放着历史的片段，令人毛骨悚然背景音效、闪烁的画面在眼前不停轰炸。

小贴士

在当代室内展示空间中，场景的营造不再局限于在特定划分的展区去观看一场声光电的演示。有时候，当观众一踏入展厅，便自然而然地进入了设计师精心营造的复原场景时空之中，被环境氛围所感染，获得更真实的沉浸式感官体验。

11.2　多媒体和网络技术

有别于传统的实物结合图文说明展示方式，集文字、图形、图像、声音、灯光等于一体的多媒体技术在现代展示设计中被大力推广。"多媒体"一词意味着不止一种媒介进行表达与交流。就其本身而言，多媒体的形式十分普遍，日常所见的音频、视频和图片都是多媒体的形式；但若把这些要素用电脑软件拼接起来，其效果则是为展品锦上添花。譬如对于事件的解说不再是常见的文字版面，而是在场景中以动画视频的方式娓娓道来，再配合背景音乐，就显得生动别致了。就视觉传达的效果而言，动态的视频图像结合配音，如小电影一般；再拓展开来，与场景、模型、照明等因素结合起来，构成了多媒体的表现方式（见图11-5、图11-6）。

展示空间常用的多媒体手段多种多样，一是为提升视觉效果的投影类、显示类设备，它将计算机、大型LED屏幕、投影设备、幻灯机、触摸屏、光传感器、音响等技术融合，表现多媒体技术的综合性；还有供观众互动体验的多媒体展项，通过人与机器、人与人之间的对话，获得更为有趣的观展方式。它还可以与其他技术并用，形成幻影成像、虚拟漫游、环幕投影、3D动画、多媒体网络等多种方式，创造无限空间的可能性；最后，多媒体的展示方式往往构建了一个新的时间与空间，通过沉浸式的展览方式刺激观众的多种感官反映。多媒体在展示艺术中的优势作用明显：占用较小的版面展示大量信息，不受展示内容和展示空间的限制；交互操作的方式，提升了观众的趣味性与参与感；以动态的影像，配合解说和配乐，展示形象更加生动；多媒体技术的综合运用，效果生动、逼真，使人有身临其境之感（见图11-7、图11-8）。

通信技术的发展使网络成为继报纸、广播、电视之后的第四媒介，并且几乎取代了前者，成为人们主要获取信息的方式。互联网及通信技术的发展，使网络传输电子文件的能力大大提高了，利用光纤形成的宽带网能即时传送视频信号。由此，网络为交互式展项提供了基础，在展示设计中被广泛应用。当展项需要与参观者进行互动时，如浏览知识库或问卷调查，就可以使用一些传感器或触摸式设备，由参观者自主选择，根据需要和爱好，随机点播各种选项，通过网络传输信号，自行控

图11-5　乐家北京艺术廊
街上的行人透过玻璃幕墙与艺廊内的影像交叠，相得益彰。

图11-6　乐家北京艺术廊
巨大的LED影像墙在上下两层空间里连接，将场景、故事、城市、街道一起构成了风景。

图11-7 路易·威登"飞行、航行、旅行"上海展
展柜模拟了宽敞的火车车厢，安放着帽箱、手袋、旅行箱及当时的
服饰等，车厢的窗户外播放着视频影像，犹如重回19世纪的旅程。

图11-8 美国博物馆
参观者在体验展项时，在屏幕上看到自己的影像，并通过耳机聆听
演奏的音乐，有趣的是，还可以多人组合乐队，演奏曲目。

图11-9 美国国际间谍博物馆
展项为演绎推理过程，"红队"的互动程序，以交互式游戏、音景和
电影的方式与游客互动。游客将扮演总统的角色，分析收到的情报并
做出决定，再现美国中央情报局追查本·拉登藏匿之处的过程。

图11-10 2012年意大利威尼斯建筑双年展俄罗斯馆
进入空无一物的展厅，参观者即被光与空间所吸引。参观者通过在
入口获得的平板电脑，随意走动，扫描空间内的二维码，获得大量
的信息。在这个特殊的展厅中，技术只是传达信息的媒介，光与空
间仍然是主角，信息以无形的方式，用特别的氛围感染观众。

制展示内容的播放。譬如从早期的虚拟翻书，到如今的触摸屏，显示媒介虽然发生了变化，但由于自主性、互动性和趣味性一直深受人们喜爱。需要注意的是，对于界面的设计，需清晰明了且具有美感，操控简单，观看舒适（见图11-9）。

此外，对于手机的依赖也改变着我们的观展方式。手机上网让人们无论何时何地都能获得讯息，一些展示内容或展示信息通过二维码或者小程序，连接后台数据，及时获得反馈。通过二维码，观众可以预约参观，事先了解展示内容；或者获得展品信息，相关的背景资料等，甚至还可以有小视频或动画作为拓展内容，以更清晰明了的方式为展示内容赋予内涵。连接的平台扩展了，展厅中的每个人都能随时获得相关信息，使得信息传播更为高效（见图11-10）。

展示设计中多媒体的运用和研究目标不仅是拓展新的展示媒介，还能增加展示的信息量，开拓传播潜能与效果。为了使新技术、新科技更广泛地得到传播与应用，应从以人为主的角度出发，让多媒体技术能更好地表达展示效果。展示设计中新媒体与新技术的涌入，其本质并非炫技，而是探究如何通过对其的创新运用，将展示艺术得以拓宽。通过将科技、艺术、创意连接，让参观者成为展示内容的一部分，为参观者提供更打动身心的观展体验。

11.3 数字技术

随着计算机技术的发展，数字技术的演变引领现代展示设计产生了质的飞跃。诞生之初，数字成像技术多用于电影和电视的后期制作，1977年版电影《星球大战》中，运用了数字技术控制图像源的位置，从而弥补现实中机械效果的缺陷，在后期制作中辅助完善了电影效果。3D动画技术正是从此时崛起，开始冲击电影与电视业。

影视作品中，数字技术是导演用来阐述故事情节的手段，如今，已成了后期制作中不可或缺的手段之一。影视中的场景可以用电脑虚拟，利用数字3D动画技术，可以展现浩瀚星空、微观世界、宏大的战争场景等传统的电影手法难以表现的场面；甚至可以利用真人动作捕捉技术，结合后期3D建模，虚拟人物形象或卡通造型等，还原人物神态与姿态，获得细腻的造型艺术表现，如电影《阿凡达》等。

展馆所用的视频，一般采用传统拍摄的方式，结合后期制作来表现。但影视制作的流程和成本非常繁复，且对于一些特殊场景难以把控，而数字技术的进步，使得一切都能成为现实，此外，随着多通道融合幕技术及LED屏显技术的日趋完善，更大的屏幕、更震撼的空间效果被大量运用，数字技术的应用领域也变得更为广泛。比如，实物和事件蕴含的历史背景，可以通数字建模技术再现其宏大的历史场景、科幻场景、趣味动画短片等，常被用于自然科普类展览、历史文化类、主题性展览中，可以到达较好的展示效果（见图11-11）。

除了数字影片之外，数字化的多媒体技术是当今展示设计的趋势之一，常用来表达传统技法难以达到的场景。数字化技术也常与多媒体技术结合。数字化的多媒体技术的交互性和虚拟性发展，更为展示设计提供了新的展示手段。一些展览的主体不再是实体或者图片，视频、影像、互动装置等数字媒体艺术成了主角，旨在为人们展现一场沉浸式的艺术盛宴（见图11-12～图11-14）。

图11-11 2017年意大利米兰设计周三星展厅
数字技术改变了传统的展示媒介，当访客穿越在垂吊的弯曲屏幕间，休眠的数字装置被激活，手机中的图形传送到大屏幕，以大量的数字创作形成互动。

图11-12 冰岛熔岩中心熔岩体验台
参观者通过触摸屏，了解关于熔岩的知识，展台上以三维投影的方式来表现不同类型的熔岩，仿佛滚滚熔岩在不停蔓延。

图11-13 冰岛熔岩中心地壳运动互动展台
滑动扶手下方的转盘，俯瞰球形地球屏显，带领参观者探索地球6500万年间板块的运动，了解冰岛是如何形成的。

日本teamLab的沉浸式互动艺术展就将数字艺术表现到了极致，利用电脑编程灯光、投影映射、互动动画和音效等手段，创作了极为震撼的科技体验。为2015年意大利米兰世博会日本馆设计的数字交互装置《共存》（HARMONY），睡莲状的屏幕上投影映射出一片片色彩斑斓的稻田，不时摇曳起舞，伴着虫鸣蛙声；当行进在稻间小径，指尖轻拂，成群的锦鲤追随而至，为人们打造了一个虚拟的时空，让人利用数字艺术感受自然的妙趣（见图11-15）。

另一方面，数字化的建设成为了展示行业发展的关键所在，利用数字技术、虚拟现实技术与网络来储存并传播信息的展示方式开始出现。随着国家对展示事业的大力扶持，越来越多的博物馆、展馆将馆内珍藏的文物和艺术品，以数字化的形式保存下来，"数字博物馆""网上虚拟馆"等数字化虚拟空间，让人们不再受限于时空与地点的约束，通过网络技术像在实地参观一般在虚拟空间中穿梭。将博物馆所积累的知识和文化传播到世界各地，使更多的人能体验展示的文化底蕴，亦极大地拓展了人们信息接收的渠道（见图11-16）。

传统的观看方式是二维的界面，而在数字博物馆中品阅雕塑、瓷器、手工艺品等实物，通过三维扫描手段重建的文物的模型与贴图，观众不仅能在二维界面浏览图片，还能旋转界面中的展品，从360°全方位仔细观察，摆脱了文物不能近看的局限性，这种虚拟体验的方式提供了绝无仅有的视角。此外，存在于数据库而未在现实陈列展览的展品，其他展馆的馆藏珍品，或是已经闭展的展览，亦通过这种方式，将界限打破，使展品在

图11-14 东京日本科学未来馆
悬挂在中庭的Geo-Cosmos是展馆的标志性展品，是一个直径6.5m，悬浮于地面18m高处的铝制球面，镶嵌着10362万个长宽各96mm的OLED面板，希望与更多的人分享从宇宙看到的美丽地球。同时，还可以通过卫星数据，以AR技术，重叠模拟月球、行星等形态，显示全球海面温度、模拟全球变暖实验等。

图11-15 2015年意大利米兰世博会日本馆
《共存》灵感源自日本稻田，在不同高低的睡莲状的屏幕上投射斑斓的影像，画面随着观众位置及行为，发生不同的变化，在交互式影像空间中，感受日本的自然环境的语言。

图11-16 北京故宫博物院数字多宝阁
利用高精度的三维数据立体全方位地展示文物的细节和全貌，观众可以在电脑前，零距离360°"触摸"文物并与之互动。

11.4　虚拟技术

　　增强现实技术，又称AR技术，通过摄像头和传感器收集现实场景数据，以网络传输传递给处理器进行分析和重建，用户佩戴AR眼镜或在智能移动设备上可以看到融合在真实环境中的虚拟对象，并可以进行人机交互，从而实现对真实世界的增强，用户通过设备观察现实世界的同时，后台综合运用多媒体、三维建模、实时跟踪、智能交互、传感等多种技术手段，生成文字、图像、三维模型、音乐、视频等，得到基于现实的相关数字化信息，我们常常能在一些科幻电影中看到AR技术的使用（见图11-17、图11-18）。

　　虚拟现实技术，又称VR技术，是一门集成人与信息的科学。观众需要佩戴专业头戴式显示设备，利用软件模拟人的感官功能，使人能够沉浸在数字技术生成的虚拟世界中，并能够通过语言、手势等与之进行实时交互，随着头部的转动，看到的景象也会随之转动，从而看到软件创建的360°沉浸式的多维信息空间。这些空间

物理空间得以延续，使展览在网络上永不落幕。2010年上海世博会同步建设了网上展馆，将实地场景完整地复制到了网上展示系统中，观众可以在网络任意参观，并且还可以享受到语音导览系统，在多年后，还能一览当时万人观摩的展馆，十分奇妙。

图11-17　AR技术在博物馆展示中的运用
博物馆展陈中，利用AR技术再现恐龙的数字虚拟模型，还可展现其动作及形态。

图11-18　德国柏林Jakob+MacFarlane作品展
利用AR技术了解事务所项目实施的过程，访客通过手机APP扫描图片，即可看到生成的三维模型。

图11-19 2019年爱沙尼亚塔林建筑双年展VR
展项"朋友之家"
利用VR技术,让人们在虚拟现实中相会,建构
重叠空间。

图11-20 2019年爱沙尼亚塔林建筑双年展"朋友之家"虚拟模型
虚拟空间可以在家庭中建构,为人们提供了创建共享环境的途径。

图11-21 巴西里约奥运公园的三星Galaxy展馆
游客佩戴三星VR头显,连接智能手机,通过4D动感虚拟现实模拟体
验了皮划艇运动,巨大的LED屏幕则显示着他们经历的风浪。

可以是真实世界的模拟,如数字化城市、数字故宫等;也可能是虚拟建构的模型,其目的是通过人工合成来表达数字信息,通过视觉、听觉、触觉、嗅觉和味觉多种感官来实时模拟或实时交互,架构出酷似现实或未来的虚拟形态,为用户营造身临其境的虚拟空间(见图11-19、图11-20)。

在展示设计中,通过实景拍摄、视景仿真、虚拟现实等合成的影像营造了一种亲临性的审美空间,艺术化的场景提供了全方位、多感官的身心体验和心理感觉,参观者从一个外在的旁观者,转化成了身临其境的参与者。丰富的想象力和新技术的结合造就了虚拟现实技术,特别是随着数字技术和多媒体技术的发展,在展示设计中的应用也日渐增加。

如何为参观者提供一种身临其境的体验,成为设计的焦点。通常,可以用数字技术模拟出三维虚拟世界,结合虚拟现实技术进行人机之间的交互。特别是在一些科技类博物馆中,利用虚拟现实技术让观众体验某种特殊经历。虚拟现实技术的根源可以追溯到军事模拟,通过将飞行员置入虚拟的飞行环境,训练其熟悉并掌握各种情况下的操作技能与应变能力。在展示设计中的应用有虚拟驾驶、虚拟飞行、虚拟射击、虚拟导览等,通常会配合超大屏幕或弧形屏幕获得更好的沉浸感与交互体验。观众可以在室内环境"驾驶"汽车,一览城市新貌或展望未来;或是虚拟漫游,观众佩戴VR头显,观察"周围"逼真的三维空间,VR显示的图像模拟人的双眼观察物体,并能根据使用者头部的转动而改变视角;通过装有传感器的手套,以内置气囊的膨胀模拟压力,体会触摸物体的感觉;通过机器语言识别和语言合成系统,识别声音指令,并及时做出应答。近年虚拟现实技术发展迅速,它通过计算机将数字化、虚拟的信息叠加到真实世界中,有效强化现实世界中的特定信息,观众看到的是虚拟与现实世界的虚拟叠加,为虚拟与现实之间寻找到了一个连接的平行空间(见图11-21)。

在当代展示活动中,随着数字技术和计算机图形学的飞速发展,虚拟空间展示设计虽然不算是一门特别新兴的技术,但从它的发展和前景来看,必然是未来展示向高技术领域发展的一个重要趋势和表现手段。

11.5 展示设计中的新媒体展项

纵观当今展览设计的发展趋势，各具特色的数字多媒体技术，极大地拓展了传统展示效果的呈现。展示手段最终为展示内容服务，科技的发展使得展示手段越来越丰富，从而使得内容传播的有效性显著增强。各种展示手段常常通过创意彼此融合，形成特定有效的展示形式，朝着交互性和虚拟性的方向发展，更为展示设计提供了新的展示手段，大致可分为以下几种形式。

11.5.1 实时合成

实时合成技术是影视制作中的常用技法之一，参观者站在布置好的蓝幕或绿幕背景色前，展项中安装的摄像机将参观者的身影摄入电脑进行影像捕捉，通过软件将人物从背景中分离，与播放的视频场景合成在一起。于是，参观者可以看见自己划着一叶轻舟，在湖光山色中畅游，享受水天一色的奇妙景色，打破了时间与空间的界限，身临其境一般在场景中漫游。此外，实时合成技术还常用于虚拟演播室，构建一个具有科幻感的空间（见图11-22）。

11.5.2 幻影成像和全息投影

幻影成像技术通常以宽屏的场景环境和将三维影像虚浮在空中的成像技术，将视频画面利用数字图像技术抠像处理，通过斜置45°的玻璃来反射底部或顶部的视频图像（按场景窗口设定比例），将抠选的影像投射到微缩模型或场景中。根据脚本拍摄的画面，将静态的模型场景与动态的虚拟影像合成在一起，让观众从一个个场景中观看一幕幕有趣的故事情节，犹如微缩的舞台剧一般，人物在不同的场景空间中穿梭，绘声绘色、亦真亦幻，妙趣横生。它基于实物模型与幻影的光学成像技术，场景的微缩模型可制作较大建筑空间，人物在一个个独立的空间中一览无遗，在不同的场景中演绎故事，整体环境的画面感与情节感十分强烈（见图11-23）。

全息投影按照不同的方式，还可分单面投影和360°投影。前者通过透明的成像膜，在空中投射幻影人物或画面，观众还可以与之交互，产生令人震撼的展示效果。后者则是通过四面玻璃的方式，做成全息成像的效果，达到空气成像的视错觉，360°立体演示3D模型或虚拟人物，极具科技感。也可搭配触控屏，由观众操控模式切换，实现与展项的互动（见图11-24）。

图11-22 实时合成技术
利用绿屏或蓝屏，通过软件自动抠图，将人物融入预制的影像中。

图11-23 单面全息投影
通过透明的成像膜投射影像，并可以与之交互。

图11-24 幻影成像技术
实物模型与幻像结合，演绎故事场景。

图11-25　日本科学未来馆
IMAX球幕影院配备了4K高清投影，将日常生活与浩瀚宇宙链接，为访客展示了沉浸式的宇宙之旅。

图11-26　上海中华艺术宫《清明上河图》
2010年上海世博会后，作为常设展览的《清明上河图》，为观众展现了一场丰富多彩的视觉盛宴。

图11-27　冰岛熔岩中心中的触控交互墙
折幕构建的沉浸式空间，结合交互式展项提升了观众参与的热情。

11.5.3　多通道融合技术和特种影院

为了营造强烈的沉浸式的观感体验并突出主题，展示设计中的多媒体投影所占的比重越来越大。超大画面、色彩亮丽、高分辨率、无缝衔接的显示效果，历来是人们对视觉感受的理想追求，传统投影画面的简单重叠、电视拼接墙等方式，难以满足人们的更高的视感需求。而多通道融合幕技术、无缝拼接背景可以运用于弧形幕、360°环幕、球幕、地幕、折幕、异型幕等。通过多台高清投影仪，进行边缘融合与曲面矫正技术、多通道同步播放等，以此实现具有强烈的冲击感、临境感的沉浸式空间效果。多通道投影还可运用于非传统的显示媒介，如雾幕、水幕、纱幕等，取代传统的幕布，观众在视频影像中随意穿梭，如同进入画面之中，给人亦真亦幻、虚无缥缈之感（见图11-25）。

如2010年上海世博会中国馆的"镇馆之宝"——动态版《清明上河图》，取自北宋末年张择端名画，利用数字媒体的艺术形态诠释了千年佳作。项目设计了12通道的投影，以动画的形式展现在长128m、高6.3m的折形屏幕上。动画从原画的基础上，节选了8个动画点，展示了波动的汴河、渡船、进城的商贾和驼队、嬉戏的孩童等，并配以潺潺的流水、铃声、吆喝声等，让整个历史场景变得更加鲜明与生动，展现了一幅北宋汴京的繁荣景象（见图11-26）。

此外，多通道融合技术在立体影像和4D影院中也有所涉及。4D技术是在3D技术之上叠加体感特效而成，由播放系统、控制管理系统、动感系统与特效系统四者通过网络传输控制代码联动而成。电影内容往往使用数字技术和后期制作，以三自由度动感座椅或六自由度液压平台为载体。随着电影情节，配合烟雾、灯光、气味、喷洒水雾、拍腿、鼓风等效果，时时感受冲撞、风暴、雷电、下雨等同步画面的多维体验，而座椅也会随着摄像机的角度升降、仰俯、摆动等，刺激观众的视觉、听觉、嗅觉、触觉等多个感官，感同身受地体会影片环境的点滴细节。

11.5.4　触控交互

交互性是数字化展示最显著的特征之一，对于触控技术的应用已成为新一代人机交互方式的趋向。它的出现改变了以往的鼠标等操作方式，人们可以直接以手势或动作完成，使得人机之间的交互变得更为自然与直接，在操作过程中获得更多乐趣，趣味性、体验性、互动性更强，整体提升了人机交互的层次（见图11-27）。

触控感应大致可分为多点触摸、互动投影、体感互动等。多点触摸技术通过采集设备识别观众的触摸行为，经计算机数据处理控制交互界面，触控的界面并不局限于触控式显示屏，还可以有触控桌面、触控墙面、触控橱窗、触控球体等。互动投影系统使用摄像头或红外线传感器捕捉人体动态行为，将采集影像传输到计算机中，后台经软件识别分析，将人体动作和动态行为以数字化形式融入至实时影像互动系统，使体验者与投影影像之间产生关联的交互行为。其表现形式有墙面互动、地面互动、背投互动、台面互动等。体感互动是利用计算机技术与光影感应，人们直接使用肢体动作，在不一定接触物体的情况下，根据手势或姿态的指令，对数字内容进行精准的控制，完成与装置或环境的交互。观众可以根据意愿选择自己最感兴趣的部分获取展示内容，它还可支持多人同时操控，观众的操作会直接影响计算机的数据反馈，对其他参观者起到影响，在实现人与机的交互中拓展为人与人的交互（见图11-28）。

触控交互技术的应用领域十分广泛，可以是简单的问卷回答，也可以是人机之间的互动、展示内容介绍、游戏等，甚至还有一些交互式展项，根据参观者在空间内不同行为触发，由计算机编程解读信号，最终将回馈的信息表现在展项或是空间中，从而完成一次沉浸式的交互体验。触控媒体技术在未来的前景十分广阔，随着人们对于体验需求的要求不断提升，触控技术在数字化展示的进程中，将引领展示活动走向更具科技感、更智能化的交互体验（见图11-29）。

图11-28　美国飞行遗产和战斗装甲博物馆
巨大的触控墙显示了美国参与的八场特别战争的时间表，展项通过交互方式，让观众从战争的导火线、关键人物、技术和流行文化的视角考察冲突，以阐明战争的常见原因。

图11-29　英国伦敦科学博物馆中的我是谁展厅
利用体感互动技术，使用肢体姿势、手势控制的方式便可进行互动，体验人机交互的乐趣。

思考与延伸

1. 电脑技术为现代展示设计带来了怎样的变化？请举例说明。
2. 简述展示空间中常用的展示技术。
3. 结合现在的展示技术与应用，你觉得未来室内展示设计的发展趋势有哪些？

参考文献

[1] 张绮曼，郑曙旸，著. 室内设计资料集[M]. 北京：中国建筑工业出版社，1991.

[2] 朱淳，著. 现代展示设计教程[M]. 杭州：中国美术学院出版社，2002.

[3] 章晴芳，著. 商业会展设计[M]. 上海：上海人民美术出版社，2006.

[4] 徐磊青，著. 人体工程学与环境行为学[M]. 北京：中国建筑工业出版社，2006.

[5] 大卫·德尼，著. 英国展示设计高级教程[M]. 韩薇，译. 上海：上海人民美术出版社，2007.

[6] 王伟，王雄，著. 现代展示设计[M]. 沈阳：辽宁美术出版社，2007.

[7] 帕姆·洛克，著. 展示设计[M]. 邢莉莉，张瑞，张友玲，译. 北京：中国青年出版社，2011.

[8] 闻晓菁，著. 展示空间设计[M]. 上海：上海人民美术出版社，2012.

[9] 陆江艳，著. 展示设计概论[M]. 北京：清华大学出版社，2012.

[10] 张月，著. 室内人体工程学[M]. 3版. 北京：中国建筑工业出版社，2012.

[11] 黄建成，著. 空间展示设计[M]. 2版. 北京：北京大学出版社，2013.

[12] 建筑照明设计标准：GB 50034—2013[S]. 北京：中国建筑工业出版社，2014.

[13] 傅昕，著. 展示空间设计[M]. 上海：上海人民美术出版社，2015.

[14] 布兰登·麦克法兰，著. 体验店设计[M]. 姜楠，译. 桂林：广西师范大学出版社，2018.

[15] 郑念君，于健，著. 展示设计[M]. 上海：上海人民美术出版社，2018.